光伏施工项目典型问题图册

张永康　主编　　　徐立基　副主编

图书在版编目（CIP）数据

光伏施工项目典型问题图册 / 张永康主编；徐立基副主编 . -- 广州：华南理工大学出版社，2025.5. --ISBN 978 - 7 - 5623 - 8067 - 2

Ⅰ . TM615-64

中国国家版本馆 CIP 数据核字第 2025RA3457 号

Guangfu Shigong Xiangmu Dianxing Wenti Tuce

光伏施工项目典型问题图册

张永康　主编　　　徐立基　副主编

出 版 人：	房俊东
出版发行：	华南理工大学出版社
	（广州五山华南理工大学 17 号楼，邮编 510640）
	http://hg.cb.scut.edu.cn　E-mail: scutc13@scut.edu.cn
	营销部电话：020-87113487　87111048（传真）
策划编辑：	庄　严
责任编辑：	刘绮雯
责任校对：	梁晓艾
印 刷 者：	佛山家联印刷有限公司
开　　本：	889mm×1194mm　1/16　印张：13.25　字数：319 千
版　　次：	2025 年 5 月第 1 版
印　　次：	2025 年 5 月第 1 次印刷
定　　价：	88.00 元

版权所有　盗版必究　　印装差错　负责调换

编委会

主　　任：张永康

副主任：徐立基

成　　员：叶文超、叶汉文、袁树湖、卢浩波、邓纪伦、蒋绿海、徐建军、
　　　　　郑杰文、何帝稳、赵文叶、陈悦豪、李存远、刘振彪、曾振华、
　　　　　陈灿坚、邓仁毅、何少斌、邓景鹏

公司简介

东莞莞能绿色能源服务有限公司成立于 2017 年 11 月 28 日，注册资本 1.16 亿元人民币，由广东聚润达集团、广东电网能源投资公司和东实集团三家大型国有企业共同持股；在编员工 75 人，中高级职称以上工程师超过 36 人。

2023 年公司完成 15.4 兆瓦光伏投资及建设，累计完成 33.3 兆瓦光伏项目的投产，并荣获东莞市电力行业优秀新能源光伏单位称号。目前公司总签约光伏项目总规模达 44.2 兆瓦，所有项目投产后预计平均每年可产生光伏发电量 5100 万度。

莞能公司秉承"服务真心、工作细心、客户放心"的经营理念，致力于推动东莞乃至广东省产业绿色发展。公司先后获得优秀新能源单位、综合服务优秀单位、新兴业务先进集体、2023 年东莞市新能源场站安装运维工职业技能竞赛团队一等奖、东莞市五一劳动奖等荣誉。

前 言

为认真贯彻习近平总书记关于安全生产系列重要指示精神，全面落实国务院《安全生产治本攻坚三年行动方案（2024—2026年）》及子方案要求，进一步夯实光伏项目标准化施工管理基础，公司依据国家及行业相关规范，结合已有实践基础，组织编制了《光伏施工项目典型问题图册》。

本图册是依据国家及分布式光伏行业相关规范，参照中国南方电网、广东省电网公司、东莞市供电局安全管理要求，结合东莞莞能绿色能源服务有限公司多年项目实施经验和标准化管理要求，整理出分布式光伏项目建设过程中常见的质量、安全以及管理问题而形成的指导性丛书。图册主要分为安全管控典型问题、设计典型问题、施工典型问题、施工项目部重点工作及关键节点四部分，总结光伏项目施工过程中遇到的典型问题，并提出针对性的管控要点。在项目实施过程中，除遵守本图册要求外，还应符合国家、行业及地方相关规程、规范要求，如与工艺手册不一致时，应执行较高标准要求。该图册涉及内容繁多，难免有不足之处，敬请各位读者在阅读实践中提出宝贵意见。

总 则

3.1 为了规范分布式光伏工程施工，保障分布式光伏工程施工质量，加强安全控制，贯彻绿色建造理念，制定本图册。

3.2 本图册适用于电压等级 35kV 及以下且单个并网点装机容量小于 6MW 的新建、改建、扩建分布式光伏工程。

3.3 在分布式光伏工程施工中，除应符合本图册要求外，尚应符合国家及行业现行有关标准的规定。

术 语

4.01 分布式光伏发电系统：指利用分散式空间资源，采用光伏组件将太阳能转换为电能，在用户所在场地或附近建设运行，以自发自用、多余电量上网，且在配电系统以平衡调节为特征的光伏发电系统。

4.02 分布式光伏工程：建设分布式光伏系统的工程项目简称分布式光伏工程。

4.03 户用光伏工程：接入电压等级为 220V 或 380V，交流侧容量在 50kW 及以下的分布式光伏工程。

4.04 光伏组件：指具有封装及内部连接的，能单独提供直流电的输出，最小不可分割的太阳能电池组合装置。

4.05 光伏方阵：由若干个光伏组件在机械和电气上按一定方式组装在一起并且有固定的支撑结构而构成的直流发电单元。又称光伏阵列。

4.06 交流汇流箱：在光伏发电工程中将若干个逆变器并联汇流后接入的装置。

4.07 直流汇流箱：在光伏发电工程中将若干个光伏组件串并联汇流后接入的装置。

4.08 逆变器：光伏发电系统内将直流电变换成交流电的设备。

4.09 光伏支架：光伏发电系统中为了摆放、安装、固定光伏组件而设计的专用支架。

4.010 光伏组件串：光伏发电系统中，将多个光伏组件以串联方式连接，形成具有所需直流输出电压的最小单元。

4.011 最大功率点跟踪：对因光伏方阵表面温度变化和太阳辐照度变化而产生的输出电压与电流的变化进行跟踪控制，使方阵一直保持在最大输出工作状态，以获得最大的功率输出的自动调整行为。

编制依据

下列文件中的内容通过文中的规范性引用而构成本文件必不可少的条款。其中，注日期的引用文件，仅该日期对应的版本适用于本文件；不注日期的引用文件，其最新版本（包括所有的修改单）适用于本文件。

GB 2894—2008　安全标志及其使用导则
GB/T 2900.20—2016　电工术语 高压开关设备和控制设备
GB/T 3787—2017　手持式电动工具的管理、使用、检查和维修安全技术规程
GB 6095　坠落防护 安全带
GB/T 6096　坠落防护 安全带系统性能测试方法
GB 9448—1999　焊接与切割安全
GB/T 9465　高空作业车
GB 12142　便携式金属梯安全要求
GB/T 18857　配电线路带电作业技术导则
GB/T 19155　高处作业吊篮
GB/T 20118　钢丝绳通用技术条件
GB 26164.1—2010　电业安全工作规程 第1部分：热力和机械
GB 26859—2011　电力安全工作规程 电力线路部分
GB 26860—2011　电力安全工作规程 发电厂和变电站电气部分
GB 26861—2011　电力安全工作规程 高压试验室部分
GB/T 35694　光伏发电站安全规程
GB 50150　电气装置安装工程 电气设备交接试验标准
GB/T 50194　建设工程施工现场供用电安全规范
GB 50794　光伏发电站施工规范
DL/T 596　电力设备预防性试验规程
DL/T 1147　电力高处作业防坠器
JB/T 11699　高处作业吊篮安装、拆卸、使用技术规程
Q/CSG-GPG 2104001—2024　广东电网有限责任公司安全生产督查业务指导书
Q/CSG 1205056.3—2022　中国南方电网有限责任公司电力安全工作规程第3部分配电部分
GB 2893　安全色
GB 2894　安全标志
GB 3096　声环境质量标准
GB/T 3608　高处作业分级
GB 30862—2014　坠落防护挂点装置
GB 12523　建筑施工场界环境噪声排放标准
GB 16895.21　建筑物电气装置安全防护和电击保护
GB/T 20047.1　光伏（PV）组件安全鉴定
GB/T 29639　生产经营单位生产安全事故应急预案编制导则
GB 50026　工程测量标准
GB/T 50057　建筑物防雷设计规范
GB 36963　光伏建筑一体化防雷技术规范
GB 32512　光伏发电站防雷技术要求
GB 50147　电气装置安装工程高压电器施工及验收规范
GB 50166　火灾自动报警系统施工及验收标准
GB 50168　电气装置安装工程电缆线路施工及验收规范
GB 50169　电气装置安装工程接地装置施工及验收规范
GB 50205　钢结构工程施工质量验收标准
GB 50207　屋面工程质量验收规范
GB 50254　电气装置安装工程低压电器施工及验收规范
GB 50289　城市工程管线综合规划规范
GB 50666　混凝土结构工程施工规范
GB 55003　建筑与市政地基基础通用规范
GB 55008　混凝土结构通用规范
GB 55023　施工脚手架通用规范
NB/T 10320　光伏发电工程组件及支架安装质量评定标准
NB/T 10642　光伏发电站支架技术要求
GB/T 38946—2020　分布式光伏发电系统集中运维技术规范
GB/T 34932—2017　分布式光伏发电系统远程监控技术规范
DB11/T 1773—2020　分布式光伏发电工程技术规范
DB31/T 1034—2017　分布式光伏发电项目服务规范
GB 50797—2012　光伏发电站设计规范
GB/T 50796—2012　光伏发电工程验收规范

CONTENTS 目录

第一章 施工安全管控典型问题 001

  第一节 人员资质及培训交底 002

    一、人员资质管理 002

    二、进场安全培训 004

    三、安全技术交底 006

  第二节 施工机具（安全工器具）管控 008

    一、施工准备阶段施工机具（安全工器具）管控 008

    二、施工阶段施工机具（安全工器具）管控 009

    三、光伏施工项目常见施工机具（安全工器具） 010

  第三节 高空作业安全管控要点 012

    一、高空作业安全带使用 012

    二、高空临边管控要求 013

    三、脚手架操作台和登高车作业管控要求 014

    四、梯子上的高处作业管控要求 017

    五、上下垂直爬梯或杆塔管控要求 018

    六、防高坠水平生命线设置管控要求 019

    七、登高作业常见违章行为 020

  第四节 吊装作业安全管控 025

    一、吊装作业报审管理 025

    二、吊装作业现场安全规范要求 026

    三、吊装用具安装规范要求 029

    四、吊装作业常见违章行为 035

  第五节 动火作业安全管控 040

    一、动火作业安全管控要求 040

    二、电焊作业安全管控要求 043

    三、气焊、热切割作业安全管控要求 045

    四、动火作业常见违章行为 047

  第六节 临时用电安全管控 052

    一、临时用电一般安全管控要求 052

    二、临时用电配电线路安全要求 054

    三、临时用电接地装置安全要求 055

    四、临时用电常见违章行为 056

第七节　安全文明施工典型问题 ················ 060
一、"五牌一图"设置 ································ 060
二、施工现场安全警示标识及安全围蔽 ······ 061
三、文明施工和环境保护 ························ 063

第八节　安全检查及隐患排查 ···················· 066
一、公司安全督查 ································ 066
二、项目部安全自查 ····························· 067
三、施工班组安全自查 ·························· 068
四、安全问责与整改 ····························· 070

第九节　其他施工安全典型问题 ·················· 072
一、"十个规定动作"安全管控要求 ········· 072
二、作业资料（表单）管控要求 ·············· 076
三、光伏电气作业安全管控要求 ·············· 078
四、其他施工典型违章问题 ···················· 080

第二章　光伏项目设计典型问题 ·················· 083
第一节　前期现场勘察工作要点 ·················· 084
一、物业产权证明材料 ·························· 084
二、供电报装资料收集 ·························· 086
三、光伏电站容量设计 ·························· 087
四、楼面承重报告 ································ 088
五、第三方检测机构做安全性鉴定 ··········· 089
六、钢结构承重情况 ····························· 090
七、客户用电负荷分析 ·························· 091

第二节　设计图纸的内容及清册 ·················· 092
一、设计图纸目录及设计说明 ················· 092
二、设计材料清册 ································ 093

第三节　光伏组阵布局设计 ························ 094
一、光伏方阵安装倾角、朝向 ················· 094
二、直流线长度设计 ····························· 095
三、光伏阵列间距设计 ·························· 096
四、运维通道设计 ································ 097

第四节　并网柜设计 ································· 098
一、并网柜整体结构设计 ························ 098
二、无功补偿装置设计 ·························· 099
三、并网计量柜中总开关设计 ················· 100
四、光伏组串容量与逆变器容量配比设计 ·· 101
五、设计报装附件注意事项 ···················· 102

第三章　光伏项目施工典型问题 ·················· 105
第一节　水泥墩质量管控 ·························· 106
第二节　钢结构安装管控 ·························· 107
一、钢结构焊接质量管控 ························ 107
二、钢结构防水防锈工艺质量管控 ··········· 108
三、钢结构除锈刷漆工艺质量管控 ··········· 109
四、钢柱脚地脚螺栓质量管控 ················· 110
五、C型钢和H型钢连接质量管控 ············ 112
六、钢结构防水质量管控 ························ 113

第三节　线槽（桥架）选购与布置质量管控　114
一、电缆线槽的选购要求　114
二、电缆线槽的线路布置　115
三、电缆支架布置　118

第四节　电缆选购与敷设质量管控　119
一、电缆的选购要求　119
二、交流电缆敷设质量管控　120
三、光伏直流线敷设质量管控　122
四、电缆终端制作质量管控　125

第五节　光伏组件、支架验收与安装　126
一、光伏组件验收　126
二、支架验收　128
三、支架安装　130
四、彩钢瓦光伏支架安装质量管控　133
五、光伏组件安装　134

第六节　设备安装质量管控　136
一、逆变器设备安装质量管控　136
二、并网柜选购与安装　139
三、汇流箱安装　142

第七节　接地网隐蔽工程质量管控　143
一、接地网整体设计　143
二、接地网焊接　144
三、接地网电阻值测量　145

第八节　安健环标识、标牌　146
一、电缆线路（桥架）电缆走向喷漆　146
二、电缆标识牌　147
三、配电柜标识、标志　148
四、逆变器、汇流箱编号标识牌　152

第九节　其他防护设施安装　153
一、运维通道安装　153
二、边缘护栏安装　155
三、清洗系统安装　156

第十节　光伏电站运维的内容　157
一、运维作业一般要求　157
二、光伏项目日常巡检分类　158
三、光伏组件清洗　168
四、光伏运行台账管理　170

第四章　施工项目部重点工作及关键节点　173

第一节　施工准备阶段重点工作及关键节点　174
一、组建施工项目部　174
二、参加建设管理策划会　175
三、施工方案编制及报审　178
四、分包商备案管理　179
五、分包商、材料供应商及试验检验（测）单位资质报审　180
六、人员资格报审　182
七、施工进度计划编制及报审　184

八、施工质量验收范围划分编制及报审 ……………… 185
　　九、开工报审 …………………………………………… 186
第二节　施工阶段重点工作及关键节点 ………………… 187
　　一、设计变更管理 ……………………………………… 187
　　二、施工过程记录 ……………………………………… 188
　　三、施工联系、回复管理 ……………………………… 189
　　四、工程延期报审 ……………………………………… 190

　　五、中间验收管理 ……………………………………… 191
第三节　竣工验收阶段重点工作及关键节点 …………… 193
　　一、工程启动验收 ……………………………………… 193
　　二、工程试运行和移交生产验收 ……………………… 195
　　三、工程竣工验收 ……………………………………… 197
　　四、工程退料 …………………………………………… 199

第一章
施工安全管控典型问题

第一节　人员资质及培训交底

一、人员资质管理

施工项目应根据工程项目的工程量及工期确定综合劳动力和重要工种劳动力的需求量计划，制订施工各阶段劳动力配备表。所有拟进场的人员必须满足以下要求：

1．购买工伤意外保险

（1）施工队进场前签订施工委托书（参考图例 1.1.1.1）等前置文件，并提供进场作业人员名单（参考图例 1.1.1.2），由公司负责购买项目一切险（人员工伤意外保险不小于人民币 100 万元，项目一切险按照总包合同金额由总包购买）（参考图例 1.1.1.3），在审图会结束后将资料交给监理项目部（若有）审核、业主单位审批。

（2）进场人员报审资料经监理项目部（若有）审核、业主单位审批后，方可进场作业（参考图例 1.1.1.4）。

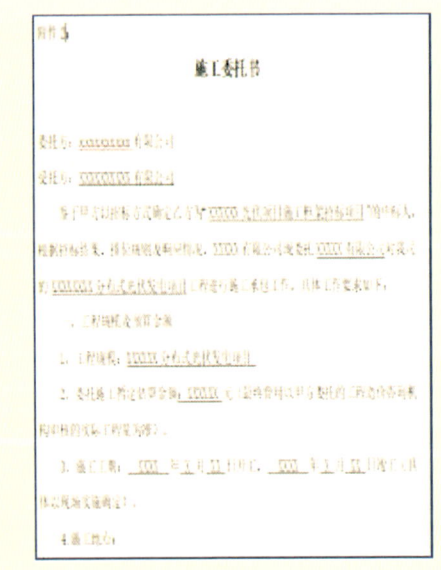

图例 1.1.1.1：施工委托书　　　图例 1.1.1.2：进场人员名单

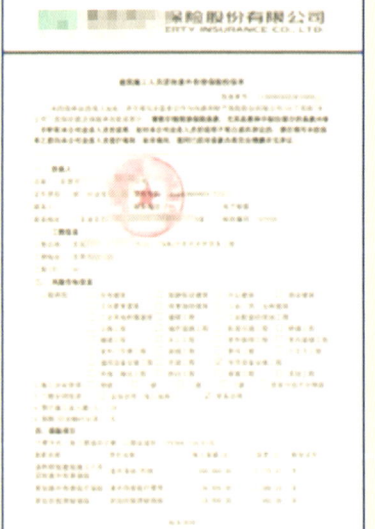

图例 1.1.1.3：施工人员团体保险

图例 1.1.1.4：进场人员报审表

2. 人员持证（资质）

（1）施工项目部应设置施工项目部管理人员，应针对不同项目场景类型配备足额合格的项目管理人员，主要是指项目经理（项目负责人）、项目总工（项目技术负责人）、项目施工员（项目技术员）、项目质量员（项目质检员）、项目安全员、机械设备管理员、材料员、资料员等岗位，各岗位人员需持有相应的资质证书（参考图例：1.1.1.5）。

（2）施工人员进场前，施工项目部应对施工人员进行资质审查（常规检查的特种作业证包括：高低压电工证、高空作业证、焊工证等，可参考图例1.1.1.6），并报监理项目部（若有）、项目管理部门和业主单位审核、审批后方可进场施工。

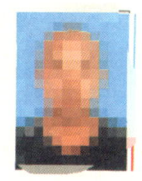

图例 1.1.1.5：安全员证（C证）

图例 1.1.1.6：特种作业证

二、进场安全培训

　　进场安全教育培训是指在工程施工进场前，对施工人员进行安全教育和培训，以提高施工人员的安全意识和安全技能，保障施工现场的安全生产。施工现场是一个复杂的环境，存在着各种潜在的危险因素，如果不加强安全教育和培训，容易发生意外事故，造成人员伤亡和财产损失，具体要求如下：

　　（1）施工项目部组织拟进场施工人员进行三级（公司级、项目级、班组级）安全教育（参考图例：1.1.2.1），并进行电力安全规程考试（参考图例：1.1.2.2、1.1.2.3）。

　　（2）施工人员通过电力安全规程考试后方可进场施工，电力安全规程考试不通过的须安排进行补考，待补考通过后方可进场施工。

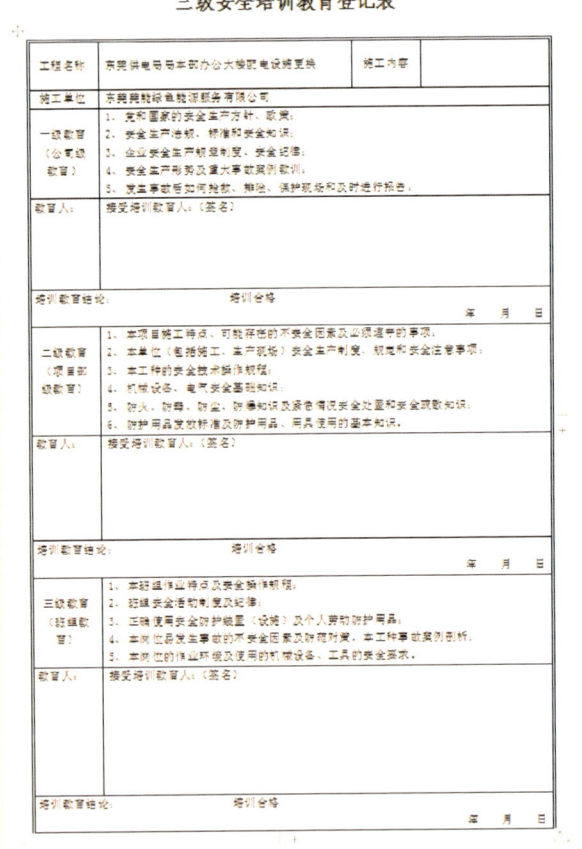

图例 1.1.2.1：三级安全教育

图例 1.1.2.2：电力安全规程考试 1

图例 1.1.2.3：电力安全规程考试 2

（3）施工项目部组织拟进场施工人员开展相应应急演练和技能培训考核，确保施工人员掌握应急救援技能，如触电、高坠及消防演练等，并做好演练记录（参考图例：1.1.2.4、1.1.2.5、1.1.2.6）。

（4）临时作业人员包括临时聘请的吊车司机等，进入现场前应签订《临时作业人员安全协议》（参考图例:1.1.2.7）。

图例 1.1.2.4：消防应急演练

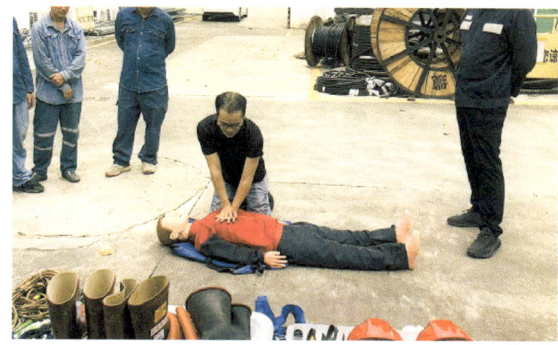

图例 1.1.2.5：人身事故应急演练

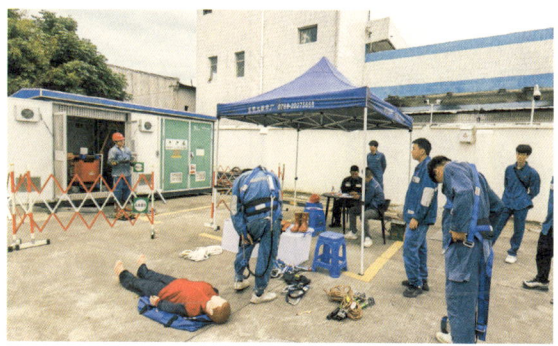

图例 1.1.2.6：施工人员急救技能考核

图例 1.1.2.7：临时作业人员安全协议

三、安全技术交底

光伏建设项目中，分部（分项）工程在施工前，项目部应开展三级安全技术交底工作，包括：

1. "四方"交底

"四方"是指业主（建设）单位方、监理单位方（如有）、设计单位方、施工单位方。四方交底指施工单位方接受业主（建设）单位方、监理单位方（若有）、设计单位方对工程项目的安全技术交底（参考图例1.1.3.1），交底内容包括施工过程中高风险作业点、施工过程质量要求及业主方厂区的注意事项等，交底方与被交底方必须在安全技术交底单上签名确认（参考图例1.1.3.2）。

图例1.1.3.1："四方"安全技术交底

图例1.1.3.2：参加各方安全技术交底记录表

2. 项目部交底

项目部交底是指项目经理或项目总工（技术负责人）组织施工项目部管理人员、分包单位进行工程项目的安全技术交底会议（参考图例：1.1.3.3）。交底内容包括：施工过程中高风险作业点、施工过程质量要求及业主方厂区的注意事项等。交底人与被交底人员必须在安全技术交底单上签名确认（参考图例1.1.3.4）。

3. 班组交底（作业前交底）

每日施工开始前必须由工作负责人向全体施工人员开展"七步法"工作交底，明确当天作业风险及控制措施、应急处置方法等，填写交底记录并签名，录制安全和技术交底视频上传至公司微信群（参考图例：1.1.3.5、1.1.3.6）。

图例 1.1.3.3：项目部安全技术交底会

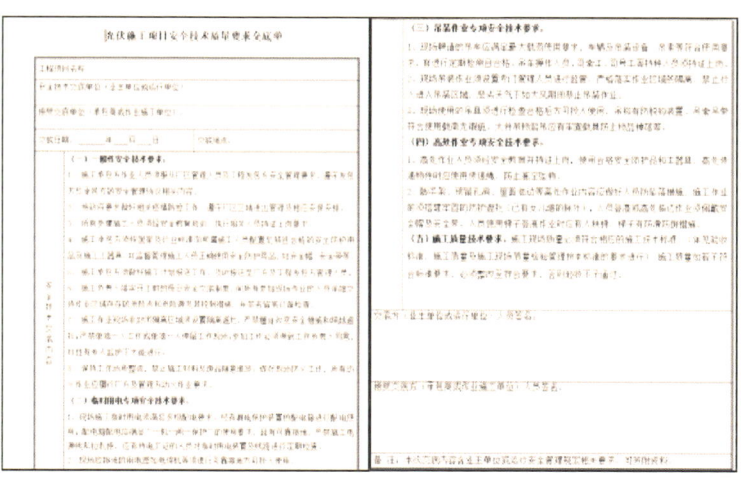

图例 1.1.3.4：项目部安全技术交底记录

图例 1.1.3.5：作业前安全技术交底（站班会）

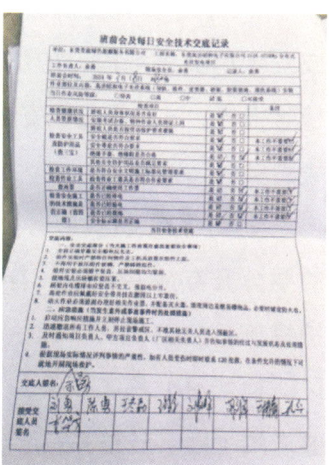

图例 1.1.3.6：安全技术交底记录

第二节　施工机具（安全工器具）管控

一、施工准备阶段施工机具（安全工器具）管控

施工准备阶段施工机具（安全工器具）管控要满足以下要求：

（1）机具设备进场前必须认真检查机械设备的性能是否完好，有检查记录、产品合格证或法定检验检测合格证，不准将带病残缺的机械投放到施工现场。经验收合格后方可进场（参考图例：1.2.1.1）。

（2）建立施工机具清单，清单应至少包括机具名称、型号规格、数量、状态、制造厂家、进退场信息等（参考图例：1.2.1.2）。

（3）主要施工机械（包括大、中型施工机械）、工器具或安全用具进场时，应将机械、工器具、安全用具的清单及检验报告、试验报告、安全准用证等报工程管理部门查验（参考图例：1.2.1.3）。

（4）施工机具应分类存放并由专人管理，合格与不合格的要分开存放并标识，存放时须做好防潮、防晒、防火等防护措施；施工机具的堆（摆）放区应分为合格入库区、维修区、检修区；施工机具应分类按定置区域进行堆（摆）放，要求堆（摆）放整齐有序、牢固可靠、标识清晰。

（5）严禁使用国家明令淘汰、禁止使用的危及安全生产的施工机具。

图例1.2.1.1：工器具检查记录表　　图例1.2.1.3：施工机具进场报审表

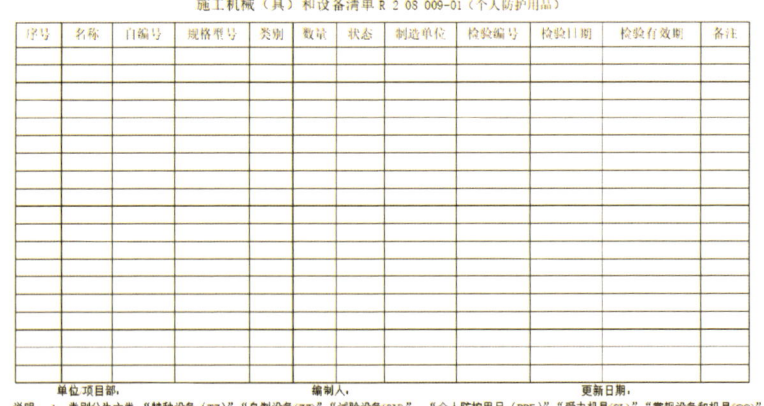

图例1.2.1.2：施工机具清单

二、施工阶段施工机具（安全工器具）管控

施工阶段施工机具（安全工器具）管控要满足以下要求：

（1）施工机具（安全工器具）使用前必须进行检查，确保机具状态良好（参考图例：1.2.2.1）。

（2）施工机具应由了解其性能并熟悉使用方法的人员操作，焊接、气割等特种作业须持证方可操作（详见第一章第五节：动火作业安全管控要求），严禁超速、超载、超温、超压以及带故障运行。

（3）用电类施工机具的金属外壳需接地，接地须满足国家规范要求（详见第一章第六节：临时用电安全管控要求）。

（4）施工项目部定期对施工班组的工器具管理工作进行检查。

（5）分包单位租赁吊车、叉车时，需租赁证照齐全、技术状况良好的吊车、叉车，保存吊车、叉车的定期检验报告（参考图例：1.2.2.2）、作业人员的操作证等资料，并且与租赁方签订租赁合同，与操作人员签订安全协议，明确双方安全责任。

图例 1.2.2.1：安全工器具检查项目表

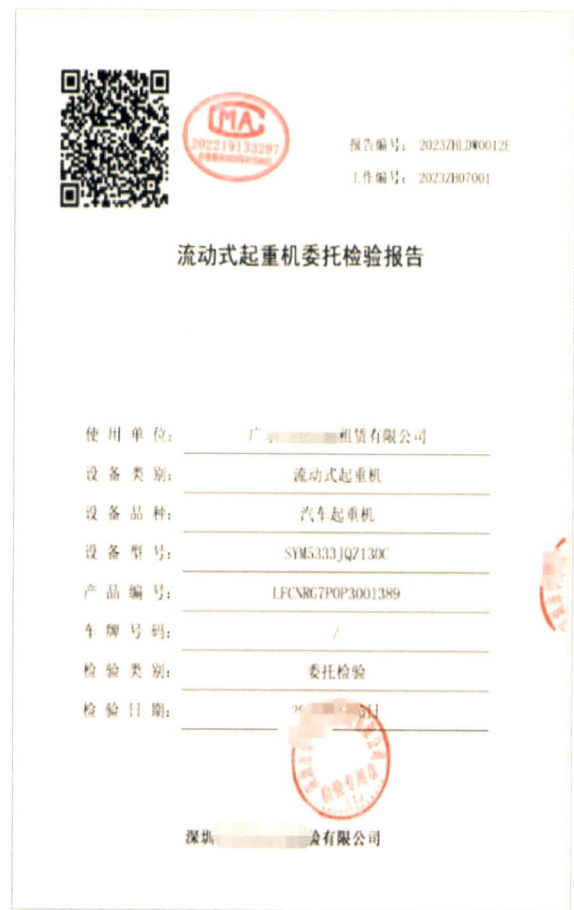

图例 1.2.2.2：流动式起重机检验报告

三、光伏施工项目常见施工机具（安全工器具）

光伏施工项目常见施工机具可参考图例 1.2.3.1 ～图例 1.2.3.11。无规定要定期检测的施工机具执行自检。

图例 1.2.3.1：常见施工机具

图例 1.2.3.2：电动手钻

图例 1.2.3.3：电焊机

图例 1.2.3.4：发电机

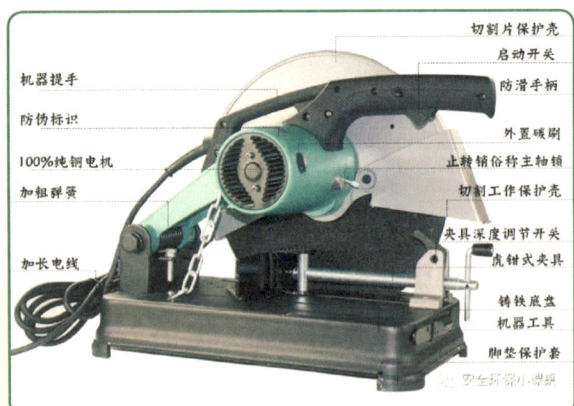

图例 1.2.3.5：固定式型材切割机

图例 1.2.3.6：手持砂轮机

第一章　施工安全管控典型问题

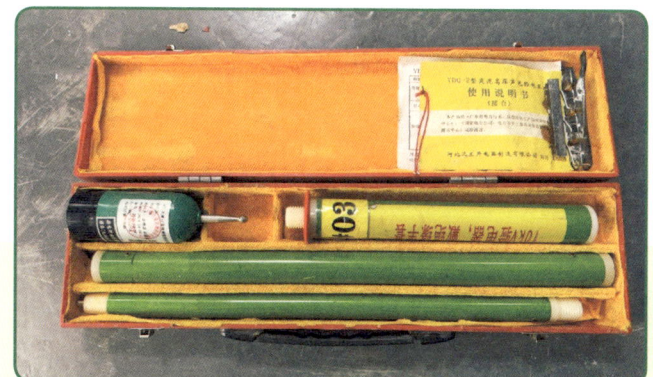

图例 1.2.3.7：验电笔

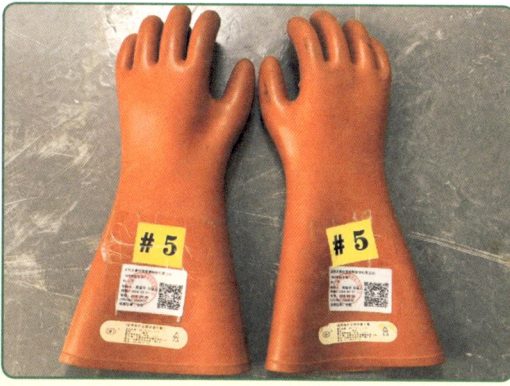

图例 1.2.3.8：绝缘手套

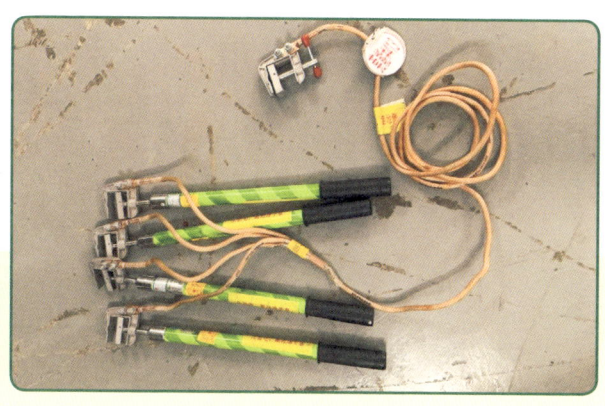

图例 1.2.3.9：接地线

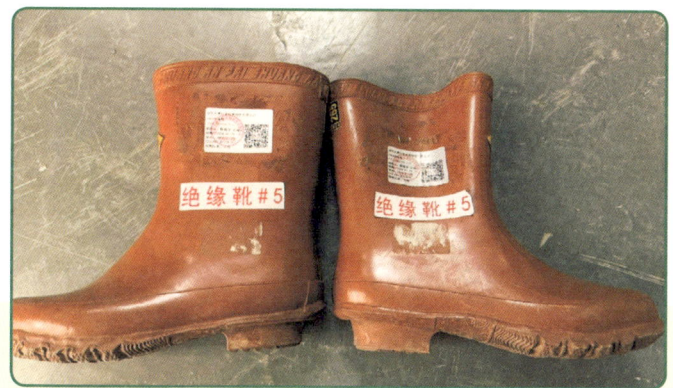

图例 1.2.3.10：绝缘靴

图例 1.2.3.11：安全带

第三节 高空作业安全管控要点

一、高空作业安全带使用

高空作业安全带又称全身式安全带或五点式安全带，新国标 GB 6095—2009 规定安全带材质需使用涤纶及更高强度的织带加工而成。全身式安全带是高处作业人员预防坠落伤亡的防护用品，是由带体、安全配绳、缓冲包和金属配件组成，总称坠落悬挂安全带，具体要求如下：

（1）高处作业人员须持高空特种作业证且证件处于有效期内，方可开展高空上岗。

（2）高处作业应正确使用安全带，安全带须选用全身五点式，且使用时必须绑扎紧固大腿束带。禁止使用三点式（半身式）安全带（参考图例：1.3.1.1）。

（3）安全带尾绳应采用高挂低用的方式，不应系挂在移动、锋利或不牢固的物件上。

（4）高处作业人员在转移位置时不应失去安全带的保护，攀爬或作业过程中应随时检查安全带是否拴牢。

图例 1.3.1.1：安全带的正确使用示例图

二、高空临边管控要求

临边作业是指在工作面边沿无围护或围护设施高度低于 800mm 的高处作业,包括楼板边、楼梯段边、屋面边的高处作业,高空临边作业是指在坠落高度基准面 2m 及以上的地方进行临边作业。进行高空临边作业时应满足以下要求:

(1)临边作业的防护栏杆应由横杆、立杆及挡脚板组成。防护栏杆应为两道横杆,上杆距地面高度应为 1.2m,下杆应在上杆和挡脚板中间设置(参考图例:1.3.2.1)。

(2)当防护栏杆高度大于 1.2m 时,应增设横杆,横杆间距不应大于 0.6m;防护栏杆立杆间距不应大于 2m。

(3)在屋顶以及其他危险的边沿进行工作前,临空一面应装设安全网或防护栏杆,并应采用密目式安全立网或工具式栏板封闭(参考图例:1.3.2.2)。

图例 1.3.2.1:临边装设防护栏杆

图例 1.3.2.2:临边装设安全网

三、脚手架操作台和登高车作业管控要求

1. 脚手架操作平台

脚手架操作平台是用于高空作业的设备安装、检修等作业的设施。它主要包括移动式操作平台（参考图例：1.3.3.1）、门式脚手架操作平台（参考图例：1.3.3.2）等类型。常用于构件施工、装修工程和水电安装等作业。这些平台的设计和搭建需遵循一定的安全规范，以确保作业时的安全，包括：

（1）操作平台必须满铺踏板，并设置不低于1.2m的防高空坠落护栏。

（2）坠落高度基准面2m及以上使用时，作业人员必须佩戴安全带。

（3）操作平台上应当严禁投扔工具或材料，应使用绳索传递。

（4）工作期间，禁止其他人员在现场通行或逗留，工作人员需佩戴安全帽。

（5）作业人员不得坐、站或攀爬平台的护栏，应稳定地站在平台底板上。

（6）不得随意增大平台面积，避免将负载置于平台护栏之外。

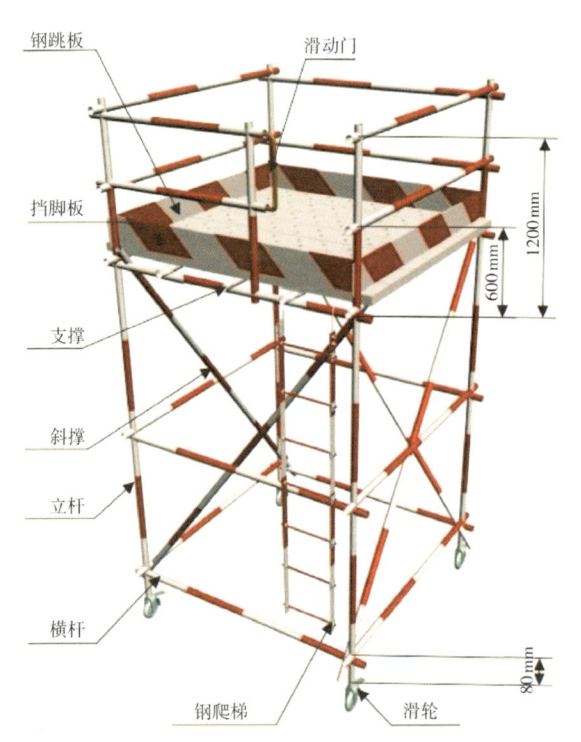

图例1.3.3.1：移动式操作平台

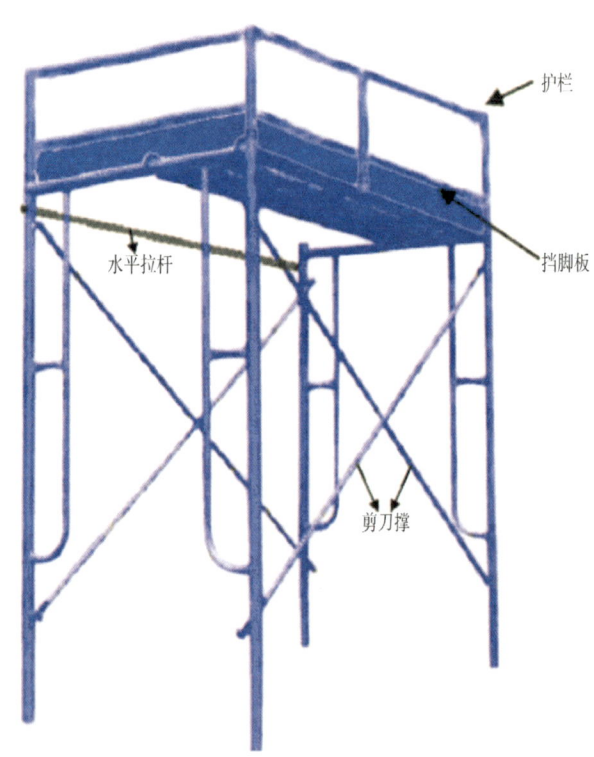

图例1.3.3.2：门式脚手架操作平台

2．登高作业车

登高作业车是指运送工作人员和使用器材到现场并进行空中作业的专用设备，主要有：剪叉式登高作业平台、车载式登高作业平台、曲臂式登高作业平台（参考图例：1.3.3.3）等。在使用中应注意以下事项：

（1）登高车进场前需进行验收，验收合格后方可投入使用。

（2）登高车操作人员经体检合格并取得操作证后方准独立操作，同一登高车上作业人员不得超过 2 人，且人员和工具的总重量不应超过平台的最大安全承载负荷。

（3）作业前应按规定穿戴好劳保用品，安全带应挂在独立的固定点上，临近带电设施作业时应采取安全防护措施，如保持安全距离、覆盖绝缘毯等。

（4）工作期间，禁止其他人员在现场通行或逗留，工作人员需佩戴安全帽。

（5）禁止将登高车任何部分作其他结构的支撑，不得将登高车作起重机械使用，不得随意增大平台面积，不得超载使用。

（6）室外作业时，当风速达到或超过六级时，禁止使用登高车。

（7）登高车作业区域设警戒线，操作平台正下方不得作业、站人和行走，地面设置专人监护。

图例 1.3.3.3：各类登高作业车

3. 剪叉式登高作业车

（1）剪叉式登高作业车应有检查出厂合格证、厂家提供的出厂检测报告、最近一次年检报告（一年有效期内）等设备质保资料以及制造商提供的使用说明、安全信息等（参考图例：1.3.3.4）。

（2）防护栏杆不得低于1m，能承受静集中荷载1000N，检查工作平台结实，台面无油脂等易滑物质。同一升降作业平台上的作业人员不得超过2人。在升降过程中，操作人员应将安全带系挂到设备使用说明书中指定的设备系挂点上。

（3）升降机开始投入操作前，需用支腿调平底盘，并将支脚垫实。场地坑洼不平、塌陷、斜坡及天气结冰、雨雪、强风（当风速达到15m/h）时禁止作业。

（4）作业地点下方地面必须拉设警示围护，由监护人进行监督作业，登高作业车升降或作业时严禁站人和行走。操作人员和监护人在升降梯下降之前必须保证升降机升降范围内无人员或其他设备，防止绳索、电缆和软管卷入升降梯剪叉部位。

（5）严禁跨越防护栏杆或踩在栏杆上作业，严禁在升降梯上用木板、梯子或其他设施做额外高度操作。

（6）严禁使用登高作业车运输材料。禁止将登高车任何部分作其他结构的支撑，不得将登高车作起重机械使用，不得随意增大登高车的平台面积，不得超载使用。

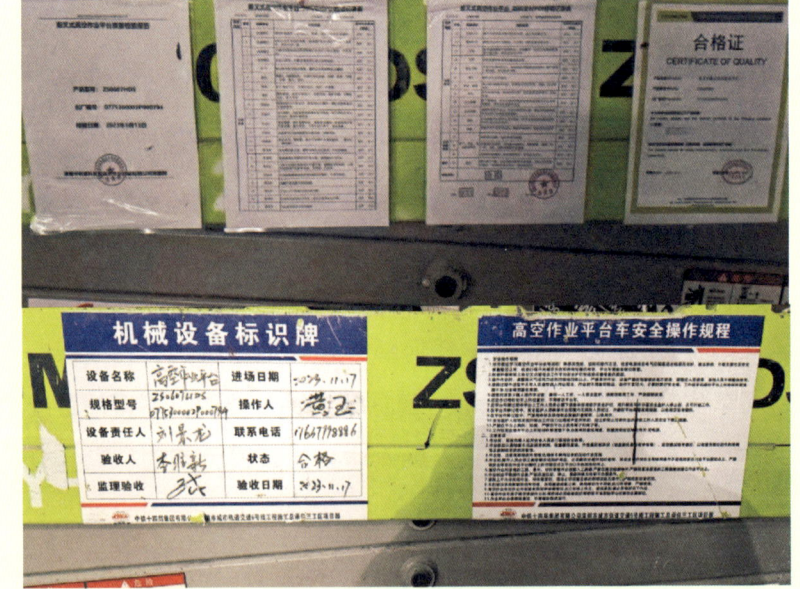

图例1.3.3.4：剪叉式登高作业车检查要点

四、梯子上的高处作业管控要求

在利用梯子进行登高作业时应注意以下事项:

(1)登高梯子应坚固完整,有防滑措施,架设稳固(参考图例:1.3.4.1)。

(2)梯子的支柱应能承受作业人员及所携带的工具、材料攀登时的总重量。

(3)使用单梯时,梯与地面的斜角度为 60° 左右,应设专人扶持或绑扎牢固。

(4)禁止使用自制木式直梯、爬梯等不合格登高用梯,以防攀登作业过程中发生坍塌坠落(参考图例:1.3.4.2)。

(5)人字梯应有限制开度的措施,不应站立或坐在人字梯的顶帽作业(参考图例:1.3.4.1)。

(6)配电房内禁止使用金属梯子进行作业(参考图例:1.3.4.3)。

图例 1.3.4.1:合格的人字梯

图例 1.3.4.2:禁止使用自制木直梯、自制人字梯

图例 1.3.4.3:配电房内使用的梯子

五、上下垂直爬梯或杆塔管控要求

在上下垂直爬梯或杆塔时应注意以下事项：

（1）上下杆塔、楼顶垂直爬梯时，应设置作业人员上下杆塔及爬梯的防坠落安全保护装置，如使用安全带和防坠落装置等（参考图例1.3.5.1）。

（2）垂直爬梯顶部应设置防止人员坠落的防护栏和防护平台

（3）上下杆塔过程中需严格执行"一步一扣"，任何时候不得失去安全带的防坠保护（参考图例：1.3.5.2）。

图例1.3.5.1：安装防坠器（差速器）

图例1.3.5.2：严格执行"一步一扣"

六、防高坠水平生命线设置管控要求

作业人员在屋顶进行光伏施工作业时,为防止高空坠落,常须设置防高坠水平生命线的安全措施,设置时应注意以下事项:

(1)当高空作业人员在高空临边作业无处挂安全带时,须视具体环境增设牢固的"防高坠挂点及水平生命线的装置"(参考图例:1.3.6.1、1.3.6.2)。

(2)水平生命线装置由两个或多个挂点固定,任意两挂点间通过钢丝绳、纤维绳、织带等柔性导轨或不锈钢、铝合金等刚性导轨连线,用于连接坠落防护装备与固定设施的装置(参考图例1.3.6.3、1.3.6.4)。

注解:《坠落防护挂点装置》(GB 30862—2014)挂点装置是指:由一个或多个挂点和部件组成的,用于连接坠落防护装备与附着物(墙、脚手架、地面等固定设施)的装置。挂点装置通过自身的结构固定装置与固定设施形成一个可靠的整体,安全带、防坠器等坠落防护装备挂在挂点上使用。

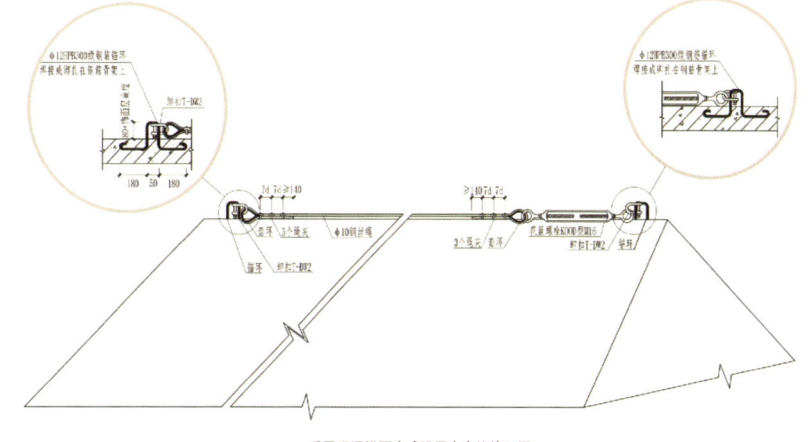

图例 1.3.6.1:防高坠水平生命线的设置 1

图例 1.3.6.2:防高坠水平生命线的设置 2

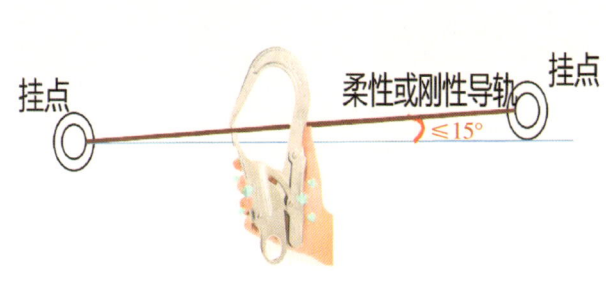

图例 1.3.6.3:水平生命线与挂点的要求示意图

图例 1.3.6.4:水平生命线应用示例

七、登高作业常见违章行为

登高作业现场常见违章行为，参考图例 1.3.7.1 ~ 图例 1.3.7.19。

图例 1.3.7.1：施工人员不使用梯子，站立在不稳固构件上进行高处作业

图例 1.3.7.2：登高作业无人扶梯，未使用安全带，梯子无防滑装置，无固定措施

图例 1.3.7.3：无人扶梯，无固定措施，无防滑装置，梯子倾角过大容易侧翻

图例 1.3.7.4：安全带尾绳无扣入牢固构件，五点式安全带未正确佩戴

图例1.3.7.5：人员临近洞口施工失去安全带保护

图例1.3.7.6：使用无生产合格证、无限位装置、无防滑套、易断裂的木梯

图例1.3.7.7：人字铝梯限位器被人为拆开

图例1.3.7.8：人字铝梯限位器被更换成不可靠的拉绳

图例 1.3.7.9：垂直爬梯无防坠装置及梯口处未安装防护栏

图例 1.3.7.10：高空临边作业，安全带尾绳未扣入牢固构件

图例 1.3.7.11：上下脚手架爬梯时未执行一步一扣，或未在梯顶安装防坠落装置

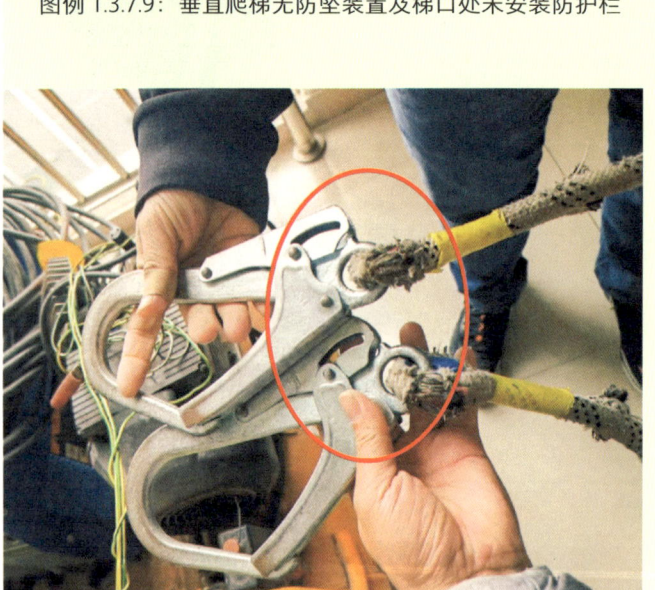
图例 1.3.7.12：安全带尾绳破损严重

图例 1.3.7.13：安全带残旧破损严重

图例 1.3.7.14：并网柜顶高空作业，作业人员未穿戴劳保衣、安全帽

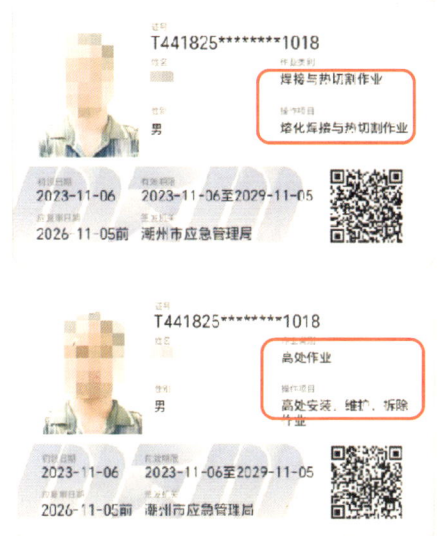

图例 1.3.7.15：开展高空烧焊作业，必须同时持有焊工证及高处作业证

图例 1.3.7.16：移动时不得失去安全带保护

图例 1.3.7.17：违规使用直梯或人字梯登高承重或搬运重物且人员站在人字梯顶端、未使用安全带

图例 1.3.7.18：使用剪叉式登高作业车作为重物起重工具

图例 1.3.7.19：人员踩在栏杆上作业，而且安全带使用不规范

第四节 吊装作业安全管控

一、吊装作业报审管理

在开展吊装作业前，施工项目部应编制专项施工方案，并将拟进场的起重设备资料、起重设备操作人员资格证书一起报审，报审资料包括：

1．起重设备相关资料报审

（1）起重机委托维护检验报告（参考图例：1.4.1.1）。

（2）委托维护检验合格证。

（3）机动车行驶证（参考图例：1.4.1.2）。

注：租赁起重设备时，应从上级管理部门已招标的吊车单位中选取。

2．起重设备操作人员资质报审

主要包括：人员名单、身份证复印件、工伤保险、起重机司机证、起重信号司索工证、安全员证（参考图例：1.4.1.2、1.4.1.3、1.4.1.4）。

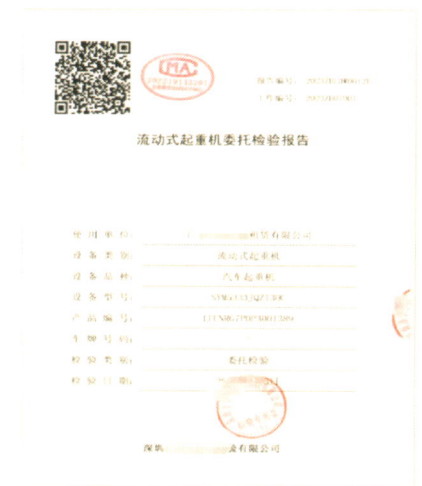

图例 1.4.1.1：检验报告

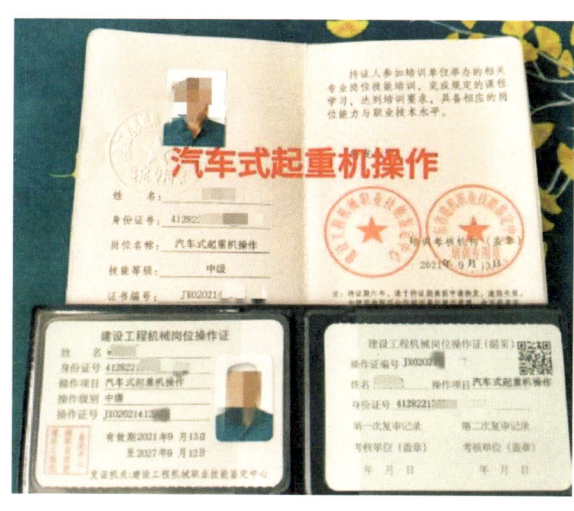

图例 1.4.1.2：起重机司机证

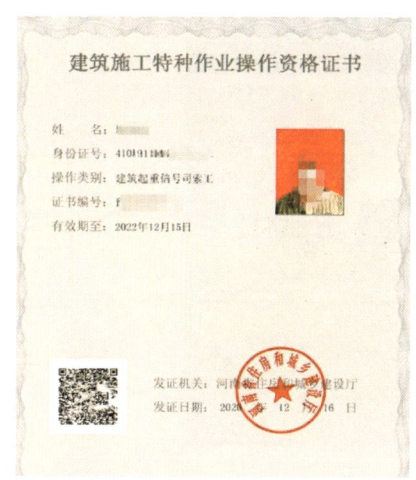

图例 1.4.1.3：起重信号司索工证

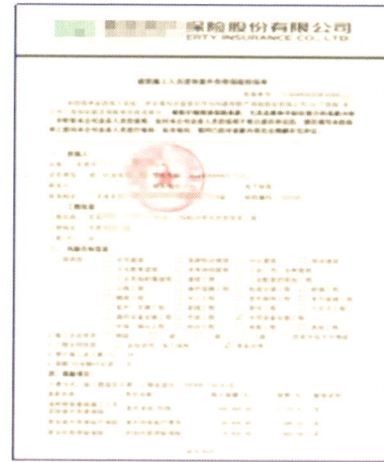

图例 1.4.1.4：工伤保险

二、吊装作业现场安全规范要求

吊装作业施工是典型的中高风险作业,施工项目部应该通过合理的组织、规范的作业流程、健全的管理制度和高度的安全意识,保证起重吊装作业的安全进行。主要包括:

(1)起重作业时必须对吊臂活动范围内设置的围栏进行有效隔离及隔离标识,同时应有专人进行监护,吊物吊装时严禁下方有人员逗留(参考图例:1.4.2.1)。

(2)起吊物应绑牢,吊钩悬挂点应与吊物重心在同一垂线上,吊钩钢丝绳应垂直,不得偏拉斜吊;落钩时应防止吊物局部着地引起吊绳偏斜;吊物未固定好不应松钩。起吊物体若有棱角或特别光滑的部分时,在棱角和滑面与绳子接触处应加以包垫。

(3)起重机与架空输电导线的安全距离需满足规范要求(参考图例1.4.2.2)。

图例 1.4.2.1:起重作业现场安全围蔽

电压(kV) 安全距离(m)	<1	10	35	110	220	330	500
沿垂直方向	1.5	3.0	4.0	5.0	6.0	7.0	8.5
沿水平方向	1.5	2.0	3.5	4.0	6.0	7.0	8.5

图例 1.4.2.2:起重机与架空输电导线的安全距离

（4）汽车吊装区域必须平坦、宽阔，满足吊装要求，吊车摆放位置的地面应坚实可靠、地基承载力能满足要求，不得在暗沟地、地下管道等上面作业，支腿必须垫枕木或钢板，枕木需排列整齐、密实且不得小于液压板面积的3倍（参考图例：1.4.2.3）。

（5）汽车（轮胎/全地面）起重机作业前应支好全部支腿，所有轮胎应离地（参考图例：1.4.2.4），回转支承平面的倾斜度不应超过使用说明书的规定。

（6）严格执行起重作业"十不吊"管控要求（参考图例：1.4.2.5）。

（7）作业过程中，不应扳动支腿操纵阀。发现支腿下沉、起重机倾斜等不正常现象时，不应继续吊装，应及时处置。

（8）工作前，工作负责人应对起重作业工具进行全面检查，工作负责人或项目管理人员应对起重作业进行全面检查，确保不存在安全隐患问题后方可开展吊装作业。

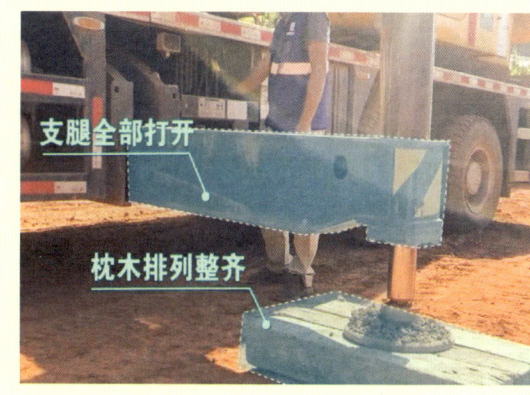

图例1.4.2.3：起重机支腿要求

图例1.4.2.4：起重机作业前轮胎应被支起离地

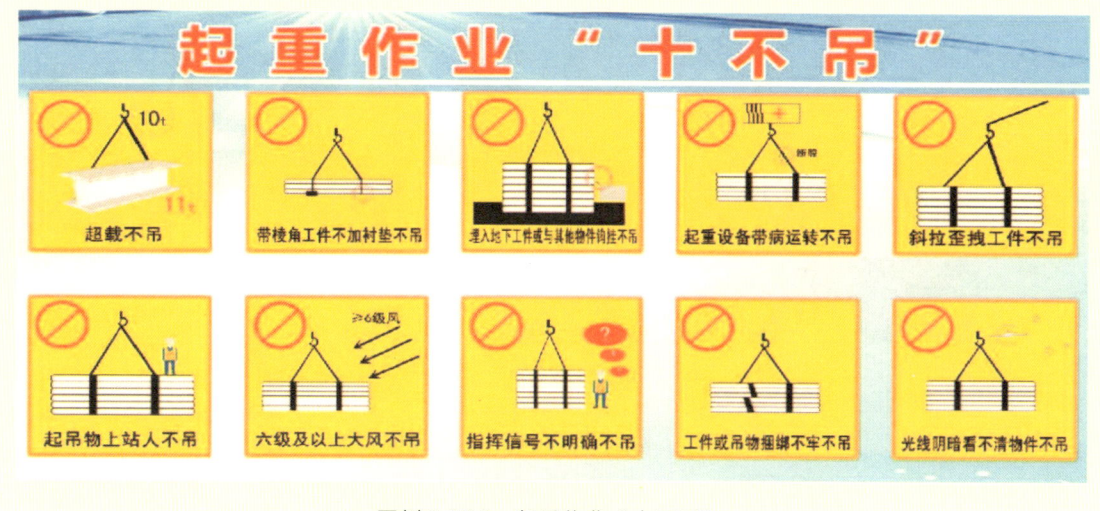

图例1.4.2.5：起重作业"十不吊"

（9）吊装作业前须编制与现场对应的《起重吊装专项施工方案》（参考图例：1.4.2.6），方案应由施工单位编制，经本公司项目管理部门审核批准实施。如涉及风险较高、作业复杂的吊装作业，专项方案还须组织专家论证通过后方可实施。

（10）《起重吊装专项施工方案》应体现选取吊车的规格型号和具体工况参数（参考图例：1.4.2.7），并依据选用吊车的负荷曲线图表（参考图例：1.4.2.8）、施工现场实际吊车站位、摆臂高度和半径等，校核实际起吊负荷（参考图例：1.4.2.9）。如校核结果不满足实际吊装需求，必须更换吊车设备，不得超负荷起吊。

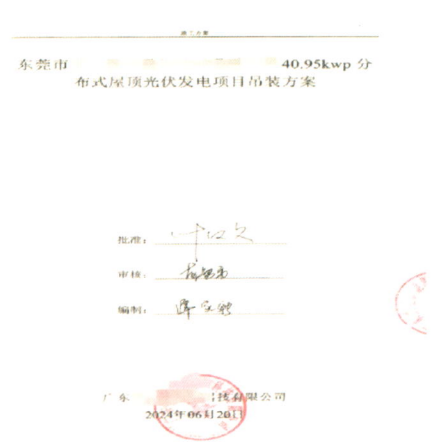

图例 1.4.2.6：起重吊装专项施工方案

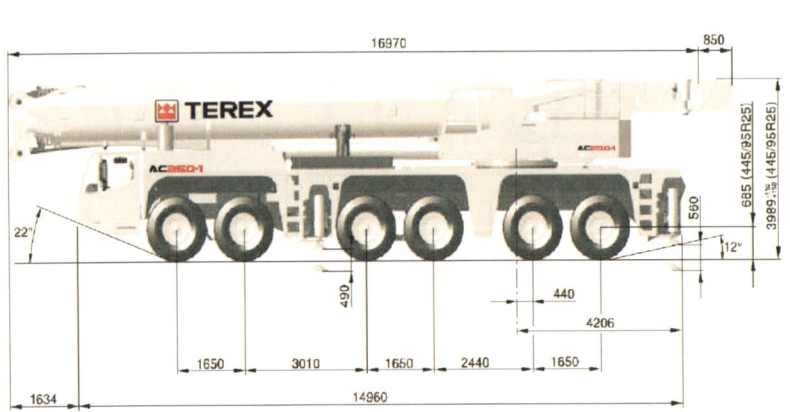

图例 1.4.2.7：吊车的工况参数

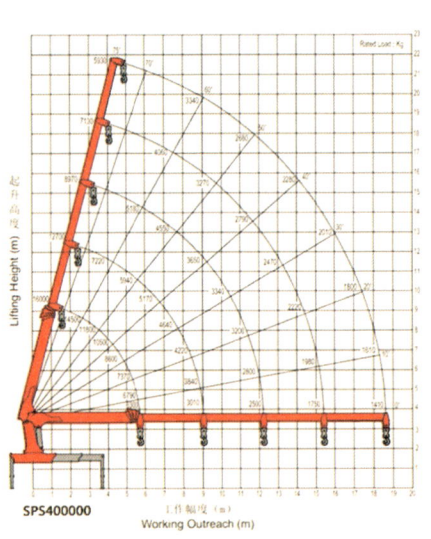

图例 1.4.2.8：吊车起重吊装负荷曲线图

图例 1.4.2.9：校核实际起吊负荷

三、吊装用具安装规范要求

1. 吊钩

（1）钩上的防止脱钩装置齐全完好，吊钩有缺陷时不得补焊；吊钩断面磨损、开口度的增加量、扭转变形，不应超标；吊钩颈部及表面无磨损情况（参考图例：1.4.3.1、1.4.3.2）。

（2）使用楔形接头时须注意钢丝绳的穿绕方向，严禁使用钢丝绳夹同时固定钢丝绳的自由端和受力端（参考图例：1.4.3.3）。

图例 1.4.3.1：起重机吊钩防脱钩装置

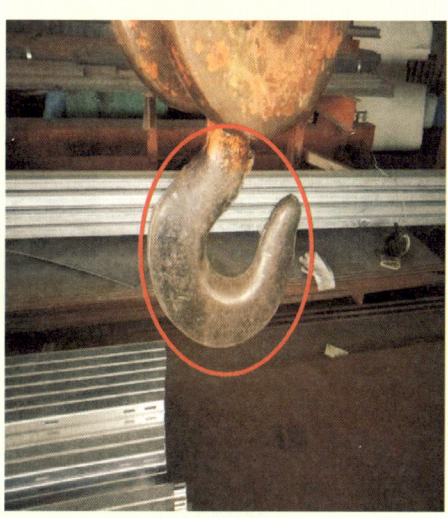

图例 1.4.3.2：起重机吊钩无防脱钩装置

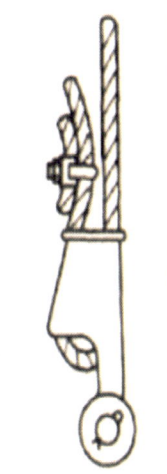

图例 1.4.3.3：楔形接头正确使用方式

2. 吊索（参考图例：1.4.3.4、1.4.3.5）

（1）钢丝绳不得与设备或构筑物的棱角直接接触，否则应采取保护措施。

（2）钢丝绳不得呈锐角折曲、扭结，也不得受夹、受砸而呈扁平状。

（3）当钢丝绳发现有断股、松散、缺股及严重扭结时，应停止使用并报废。

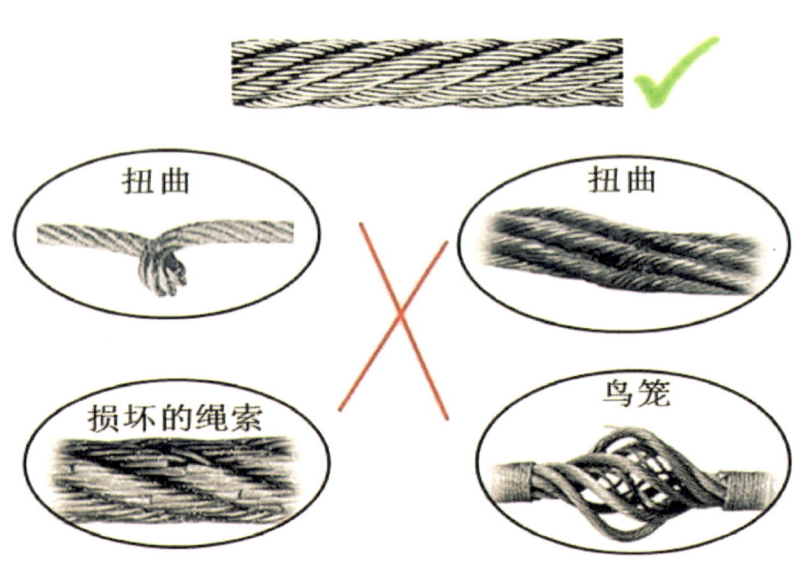

图例1.4.3.4：吊索使用要求

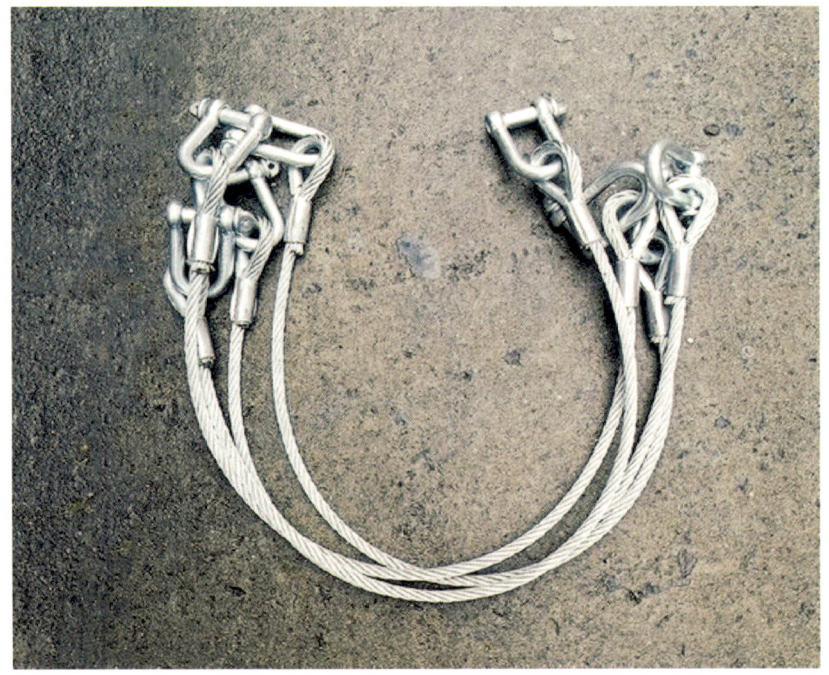

图例1.4.3.5：合格的吊索

3．U形钩

（1）吊装作业在配合使用U形钩时，应检查U形钩是否符合承重荷载要求（参考图例：1.4.3.6）。禁止使用非标准的U形环代替承重U形钩。

（2）吊钩配合U形钩使用时，重物端应挂在U形位置（参考图例：1.4.3.7）。

（3）U形钩缠绕吊索时，钢索受力点应挂在U形点位置（参考图例：1.4.3.8）。

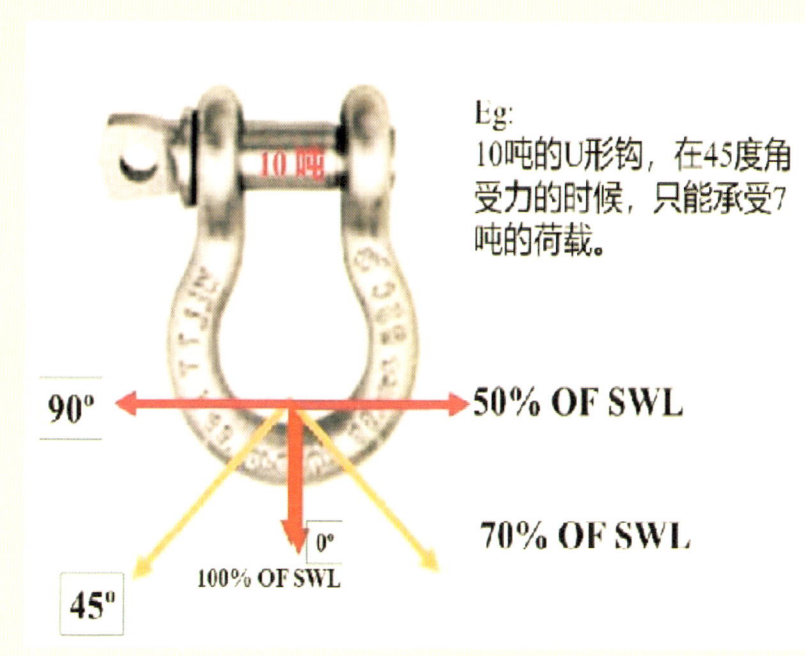

图例1.4.3.6：U形钩承重要求

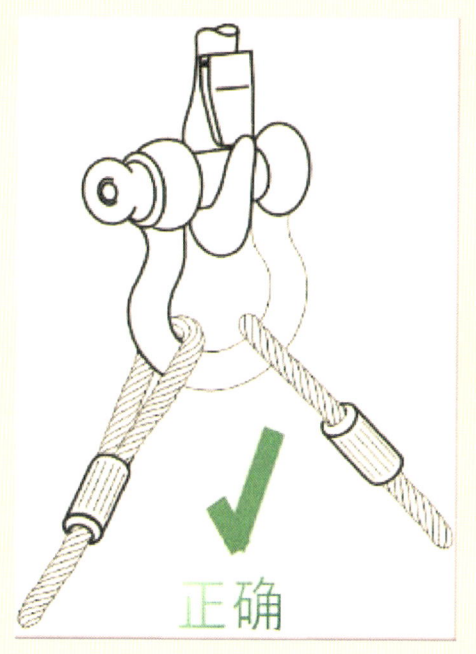

图例1.4.3.7：吊钩配合U形钩使用方法

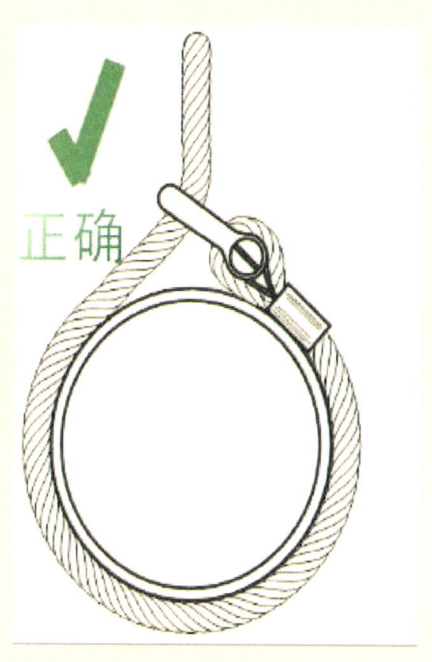

图例1.4.3.8：U形钩缠绕吊索使用方法

4．吊带

（1）吊带应根据其颜色对应的承载能力而选用（参考图例：1.4.3.9）。

（2）吊带进场必须进行验收，合格后方可使用。

（3）吊带的使用安全要求：禁止使用没有防护套的吊带承载有尖角、棱边的货物，禁止将吊带放在明火或其他热源附近。

（4）吊带绑扎：使用吊带绑扎吊物时不得打结、折叠、扭曲，应双头绕圈捆绑牢固，使用U形环配合时绑扎正确（参考图例：1.4.3.10）。

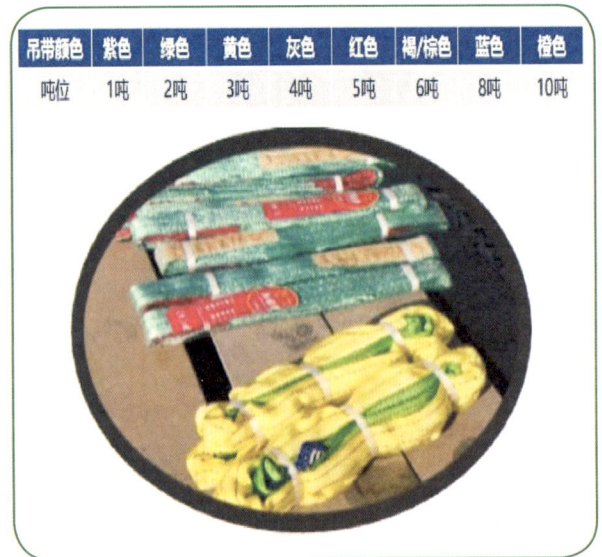

图例1.4.3.9：吊带颜色及其对应承载能力

图例1.4.3.10：吊带绑扎示意图

5．钢索卡环

钢索卡环外观检查无裂纹、锈蚀、变形、磨损等情况。卡环不能超载使用，严禁侧向受力，损坏或变形后应及时进行报废处理（参考图例：1.4.3.11、1.4.3.12）。

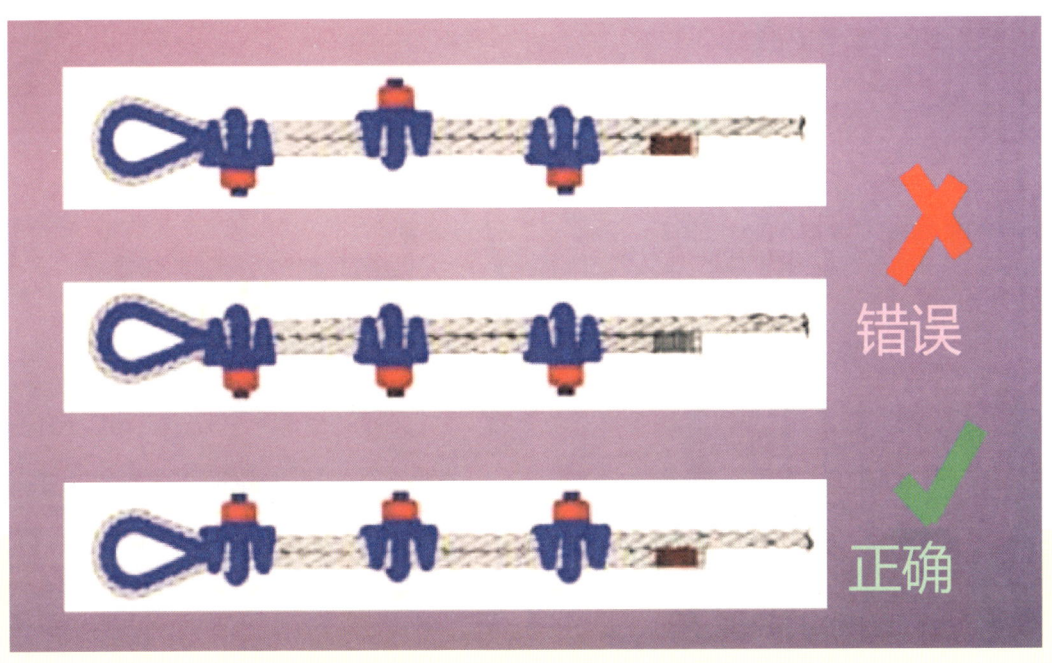

图例 1.4.3.11：钢索卡环使用方式示意图

图例 1.4.3.12：钢索卡环错误安装示例

6. 载物吊篮、吊笼

（1）采用自制吊篮支架时，自制支架应经过设计计算，并经验收合格后使用，不得超出使用载重（参考图例：1.4.3.13）。

（2）吊篮起吊时，人员不得在吊篮吊物下方附近逗留，吊篮吊物转移方位应使用溜绳牵引。

（3）非整体物件在吊篮内堆放不应超过吊篮护栏高度，或做好绑扎防坠措施。

（4）吊装作业区四周应设置明显标志，严禁非操作人员入内。夜间施工必须有足够的照明。

（5）吊装大、重、新结构构件和采用新的吊装工艺时，应先进行试吊，确认无问题后，方可正式起吊。

（6）吊装零散物品或危化品应选用专用的散物吊笼或专用吊笼（参考图例：1.4.3.14）。

图例 1.4.3.13：自制吊篮

图例 1.4.3.14：散物吊笼

四、吊装作业常见违章行为

吊装作业现场常见违章行为可参考图例 1.4.4.1～图例 1.4.4.16。

图例 1.4.4.1：支撑腿未使用垫木

图例 1.4.4.2：地基不实支腿下沉

在支腿未放置平整、稳固的情况下进行起吊作业。

图例 1.4.4.3：支撑腿未放置平整、稳固

图例 1.4.4.4：载物吊篮缺失一面护栏

图例 1.4.4.5：吊车车轮未离地即开展吊装作业

图例 1.4.4.6：支承腿半腿工况，左长右短受力不均容易翻车

图例 1.4.4.7：吊钩无防脱扣。起吊物应绑牢，吊钩悬挂点应与吊物重心在同一垂线上

第一章 施工安全管控典型问题

图例 1.4.4.8：钢绳绳卡同时固定自由端和受力端

图例 1.4.4.9：绕线错误，受力方向未垂直穿入楔形头，且钢绳绳卡同时固定自由端和受力端

图例 1.4.4.10：吊钩防脱销（扣）损坏

图例 1.4.4.11：吊臂未与带电线路保持足够安全距离，造成触电着火

图例 1.4.4.12：施工人员在吊臂下作业逗留，吊物重心不稳

图例 1.4.4.13：试吊未调整、吊物在空中倾斜易侧翻

图例 1.4.4.14：起吊材料时绑扎不牢固

图例1.4.4.15：人员在吊物下方区域活动，未使用溜绳调整而仅靠人手进行调整位置

图例1.4.4.16：人员未使用溜绳牵引转位，人员在重物附近逗留，起吊物架不满足载荷要求

第五节　动火作业安全管控

一、动火作业安全管控要求

动火作业是指能直接或间接产生明火的作业，包括熔化焊接、压力焊、热切割、喷枪、钻孔、打磨、锤击、破碎和切削等作业（参考图例：1.5.1.1）。

（1）动火现场及周围的易燃物品应清除（参考图例：1.5.1.2），或已采取其他有效的防火安全措施，配备足够适用的消防器材（参考图例：1.5.1.3）。

（2）动火作业安全管理实行动火工作票组织措施管理。施工现场涉及动火作业的应办理动火工作票并逐级审批（参考图例：1.5.1.4）。

图例 1.5.1.2：作业前清理可燃物

图例 1.5.1.3：作业时配备灭火器

图例 1.5.1.1：动火作业分类

图例 1.5.1.4：办理工作票，履行许可手续

（3）进行气割作业时，氧气瓶与乙炔瓶要做好防倾倒措施且两者距离不小于5米，与动火点距离不小于10米（参考图例：1.5.1.5）。

（4）动火时，动火执行人应按对应的作业持证上岗，严禁无证作业及审批手续不完备的动火作业（参考图例：1.5.1.6）。

图例 1.5.1.5：气瓶摆放要求

图例 1.5.1.6：作业人员资格

（5）动火工作监护人、动火工作负责人应始终在现场监护。动火工作开始前，动火工作负责人、动火执行人和监护人应核实动火作业满足必备条件，动火安全措施已实施完毕并签字确认（参考图例：1.5.1.4）。

（6）动火执行人必须穿戴正确的劳动保护装备，涉及高处动火作业的要佩戴安全带、设置安全网、使用安全绳传递工具及材料（参考图例：1.5.1.7、1.5.1.8）。

（7）动火工作间断、终结前，动火工作负责人、动火执行人和监护人应检查材料、工具已清理完毕，现场无残留火种并签字确认（参考图例：1.5.1.9）。

图例 1.5.1.7：动火执行人员劳保用品

图例 1.5.1.8：高处动火作业安全措施

图例 1.5.1.9：作业结束时处理

二、电焊作业安全管控要求

1. 电焊机管控要求

（1）移动式电焊机宜采用工具式防护，防护装置底部采用绝缘万向轮，便于水平推行，上部采用四个吊装耳板，便于垂直吊装，同时隔离开关、漏电保护器和防二次侧触电保护器的专用开关箱和灭火器具（参考图例：1.5.2.1）。

（2）电焊机一次侧、二次侧的电源线及焊钳应绝缘良好；二次侧出线端接触点连接螺栓应拧紧。一次侧负荷线长度不大于5m，二次侧焊把线长度不应大于30m（参考图例：1.5.2.2）。

图例 1.5.2.1：移动式电焊机的工具式防护

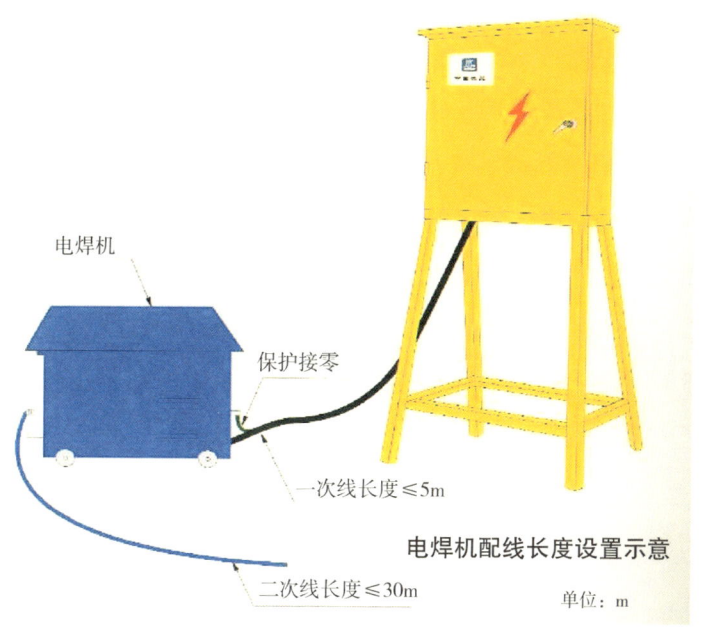

图例 1.5.2.2：电焊机配线长度设置示意图

2. 电焊机作业管控要求（参考图例：1.5.2.3）

（1）对于短暂电焊、气焊作业场所，应使用手持式焊接面罩或安全帽式电焊面罩，作业人员应配备阻燃防护服、绝缘鞋、鞋盖、电焊手套和焊接防护面罩，正确穿戴专用劳动防护用品。

（2）使用电焊时，电焊工具应完好，电焊机外壳须接地，其接地电阻应小于10Ω。

（3）作业点通排风应良好，周围10m内的易燃易爆物应清除干净，并采取必要的防火隔离措施，备有足够的灭火器材。

（4）应做到"一机一闸一保护"，不应一个开关或一个插座接两台及以上电气设备或电动工具。

（5）电焊机露天放置应选干燥场所，并加盖防雨罩。

（6）雨雪天气时，不宜在露天进行焊接或热切割工作。如必须进行应采取防雨雪措施。

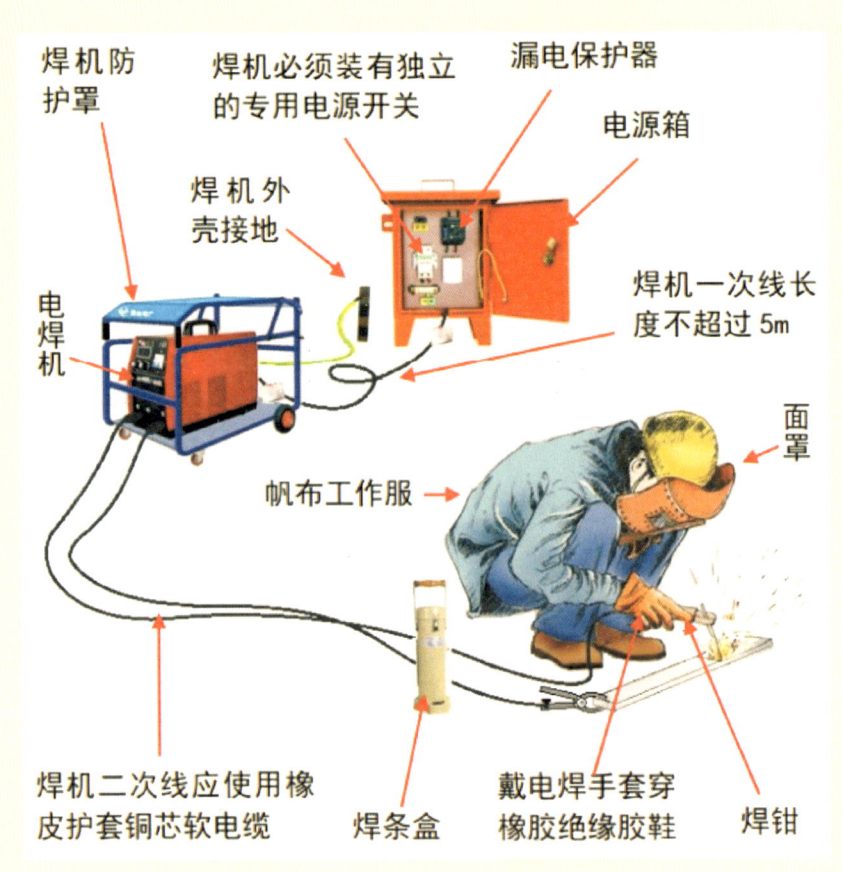

图例1.5.2.3：电焊作业正确措施示意图

三、气焊、热切割作业安全管控要求

1. 气焊作业安全管控要求（参考图例：1.5.3.1）

（1）使用中的氧气瓶和乙炔气瓶应垂直固定放置，氧气瓶和乙炔气瓶的距离不应小于 5m。气瓶不应在烈日下暴晒，放置地点不应靠近热源，应距明火 10m 以外。

（2）气瓶搬运应使用专门的抬架或手推车。

（3）不应将氧气瓶与乙炔气瓶、易燃物品或装有可燃气体的容器放在一起运送。存放环境不应接近热源，同时采取防高温等安全隔离防护措施。

（4）风力大于 4 级时，不应露天进行焊接或热切割工作。风力 3 级及以上、5 级以下进行露天焊接或热切割时，应搭设挡风屏以防火星飞溅引起火灾。

（5）在动火点的上风向作业，必要时采取隔离措施控制火花飞溅。

（6）动火作业过程中，监督人、监护人应对动火作业实施全过程现场监护，监督人、监护人不在场时不得动火。

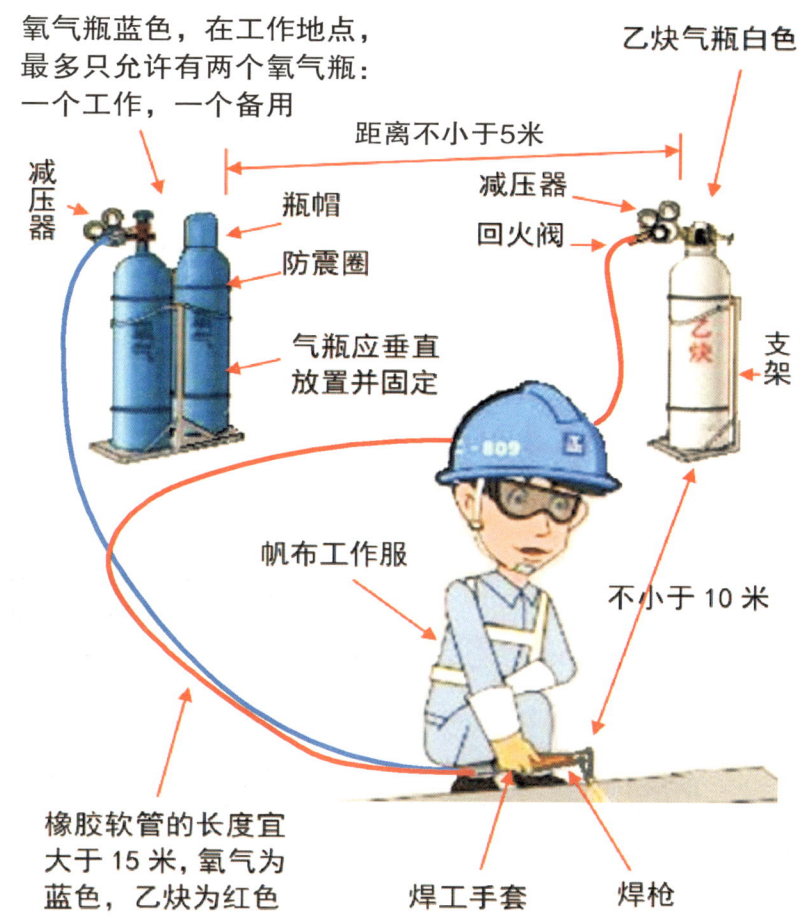

图例 1.5.3.1：气焊作业正确措施示意图

2．热切割作业安全管控要求（参考图例：1.5.3.2、1.5.3.3）

（1）电动切割机应接入符合规范要求的开关箱，负荷线应采用耐气候橡皮护套铜芯软电缆，并不得有接头；负荷线长度不大于5m。

（2）切割机应使用手柄开关，操作手柄松开后，切割机能自动停止；严禁使用按钮开关和断路器控制。

（3）切割机不得拆卸专用保护罩，切割时要佩戴护目镜。

（4）打磨锯片及切割锯片不得混用，严禁使用切割片打磨工件。

（5）打磨片及切割片发现损坏崩角、使用接近安全极限等现象，须及时更换。

（6）固定式切割机具，外壳应有良好的接地。

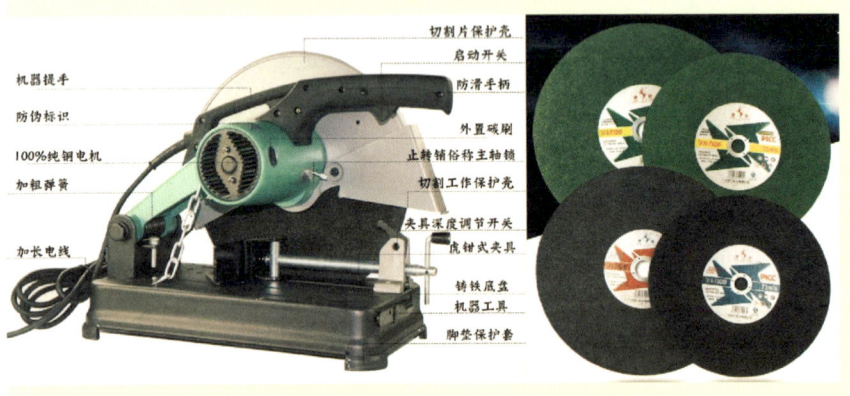

图例 1.5.3.2：固定式型材切割机及切割片

图例 1.5.3.3：手持式打磨机、切割机

四、动火作业常见违章行为

动火作业现场常见违章行为参考图例 1.5.4.1 ～ 1.5.4.21。

图例 1.5.4.1：动火作业区域附近无配置灭火器材

图例 1.5.4.2：配备的灭火器不合格，气压过低

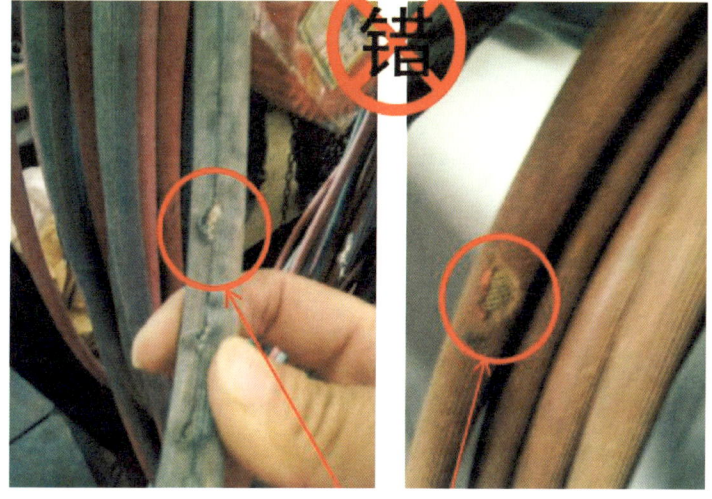

图例 1.5.4.3：气管有鼓包或者破裂

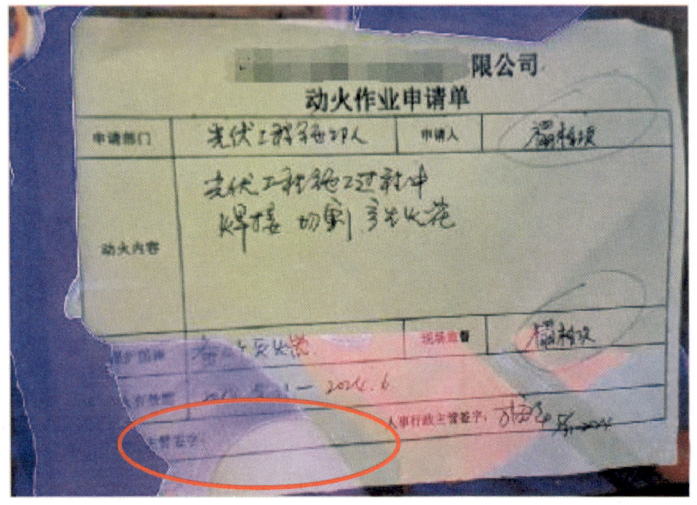

图例 1.5.4.4：动火作业安全管理实行动火工作票组织措施管理。施工现场涉及动火作业的应办理动火工作票并逐级审批，由业主单位、管理单位、申请单位三方审批。此处申请人与现场监督为同一人，且管理单位未审批

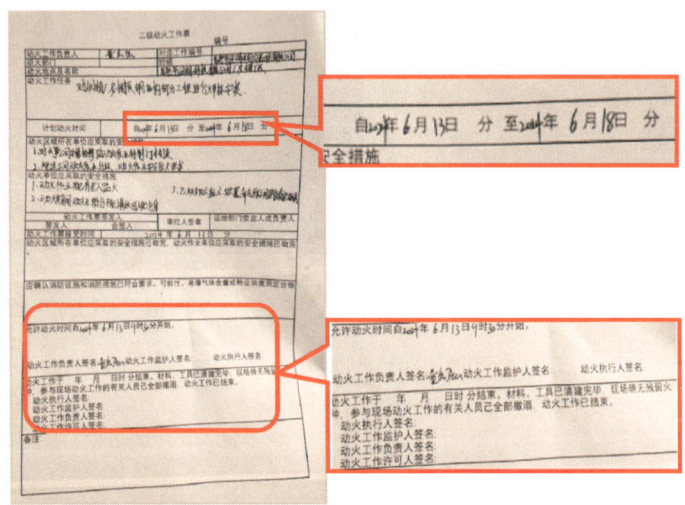

图例 1.5.4.5：二级动火票最长不超过 120 小时，即跨度最长 5 天（2022 版安规）；监护人、工作负责人、执行人未签名

图例 1.5.4.6：用铁线代替管卡环绑扎管口

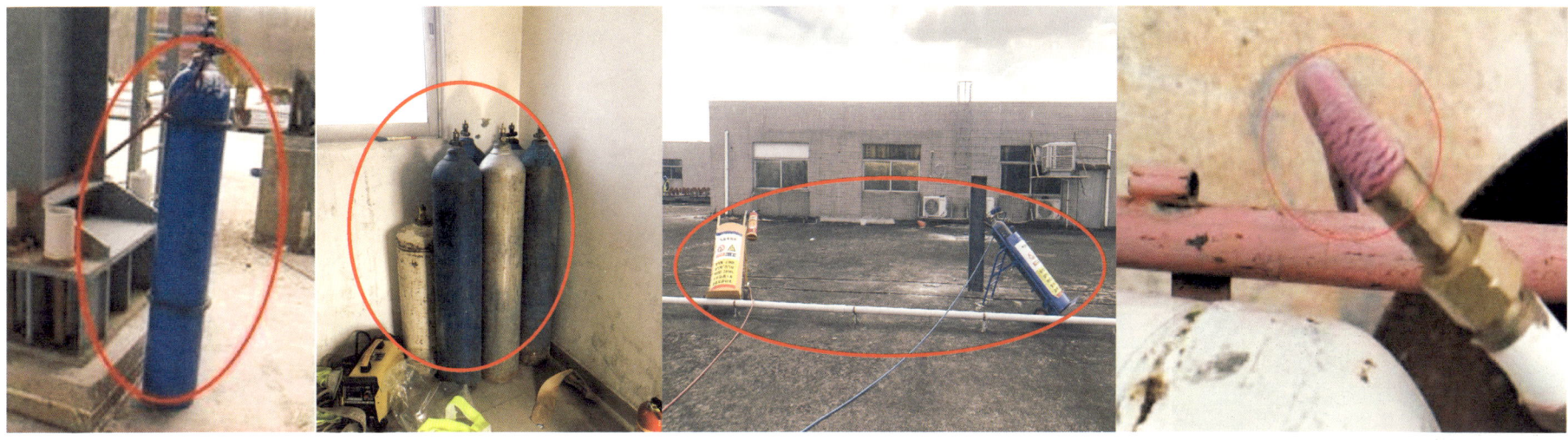

图例 1.5.4.7：气瓶未采取防倾倒措施

图例 1.5.4.8：氧气瓶和乙炔瓶混放，无防倾倒措施

图例 1.5.4.9：氧气瓶与乙炔瓶放置相距不足 5m，且不应放置在太阳下暴晒

图例 1.5.4.10：乙炔瓶的软管出现龟裂

图例 1.5.4.11：气管使用铁丝绑扎，未使用专用卡箍

图例 1.5.4.12：乙炔瓶卧放在地面上，氧气瓶斜靠在钢管上，且距离不足

图例 1.5.4.13：电焊机二次线严重破损露铜

图例 1.5.4.14：电焊机二次侧电源线护套破损，带电部分直接裸露

图例 1.5.4.15：电焊作业未佩戴防护用品

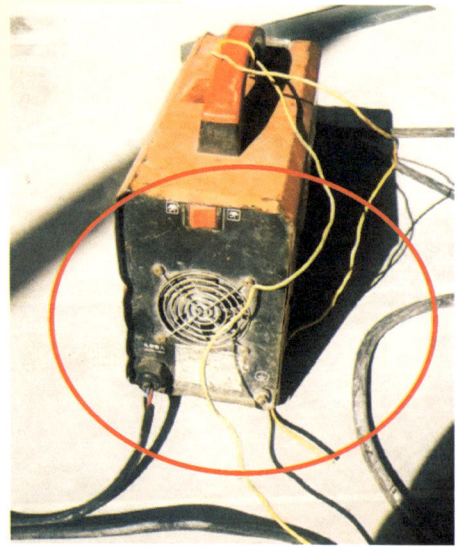

图例 1.5.4.16：电焊机外壳未有效接地、周围无灭火器

图例 1.5.4.17：电焊机导线绝缘层严重破损露铜

图例1.5.4.18：固定式切割机无接地线

图例1.5.4.19：砂轮片破损，容易飞溅伤人

图例1.5.4.20：戴线性手套使用手持电动工具

图例1.5.4.21：手持砂轮机无防护罩，砂轮片超限使用

第六节 临时用电安全管控

一、临时用电一般安全管控要求

（1）现场施工电源应首选临时用电电源箱。有施工专用取电插座的，可使用带漏电保护装置的滚线筒或排插进行配电（参考图例：1.6.1.1）。

（2）临时电源线路的线径及漏保装置参数应与现场用电器额定电流相匹配，严禁超出额定容量使用。开关箱漏电保护器的额定漏电动作电流不应大于30mA，额定漏电动作时间不应大于0.1s（参考图例：1.6.1.2）。

（3）临时用电检修电源箱应符合"一机一闸一漏保"的要求，箱内应装自动空气开关、剩余电流动作保护器、接线柱或插座；专用接地铜排和端子、箱体应可靠接地，接地、接零标识应清晰（参考图例：1.6.1.3）。

图例1.6.1.1：分配电及开关箱设置参考图

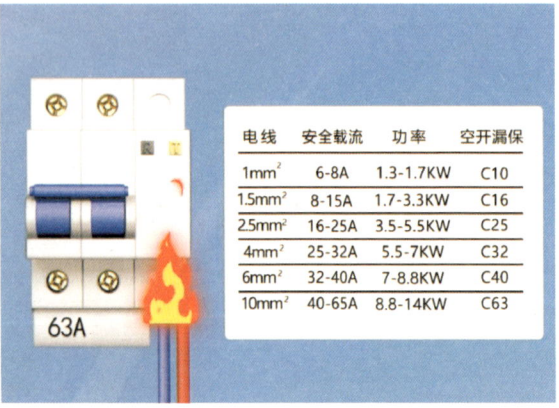

图例1.6.1.2：保护开关与铜芯线线径的配置参数

图例1.6.1.3：常见的各类漏电保护开关（RCD）

（4）安装、巡检、维修、拆除临时用电线路和设备，必须由持证电工完成并应有人监护，不应私拉乱接，不应将电线直接钩挂在闸刀上或直接插入插座内使用（参考图例：1.6.1.4）。

（5）配电箱内电器安装板上应分设工作零线（N线）和保护零线（PE线）接线排（端子板）。严禁零线（N线）与接地线（PE线）共用同一接线排（参考图例：1.6.1.5）。

（6）工作零线（N线）接线排必须与金属电器安装板绝缘。保护零线（PE线）端子板必须与金属电器安装板和重复接地做电气连接。

（7）金属箱门与金属箱体必须通过编织软铜线做电气连接（参考图例：1.6.1.6）。

（8）临时配电设施应定期检查是否满足安全使用要求并做好记录。

图例 1.6.1.4：作业人员持证作业

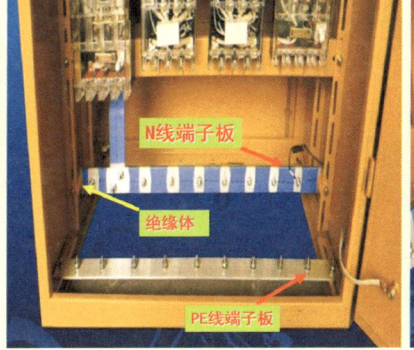

图例 1.6.1.5：配电箱接地线

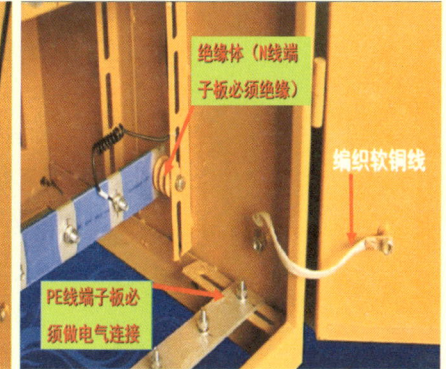

图例 1.6.1.6：配电箱跨门接地

二、临时用电配电线路安全要求

施工临时配电线路应采用五芯电缆（三相）或三芯电缆（单相）：

（1）五芯电缆应包含黄、绿、红、淡蓝、绿/黄双色绝缘芯线。淡蓝色芯线必须用作工作零线（N线）；绿/黄双色芯线必须用作保护零线（PE线），严禁混用。单相用电时，应选用三芯电缆，包含火线L、零线N、保护零线PE（参考图例：1.6.2.1、1.6.2.2）。

（2）电缆线进入施工现场应有现场电工对电缆线进行绝缘性能检测，经检测合格方可在临时用电工程中使用。

图例1.6.2.1：五芯电缆

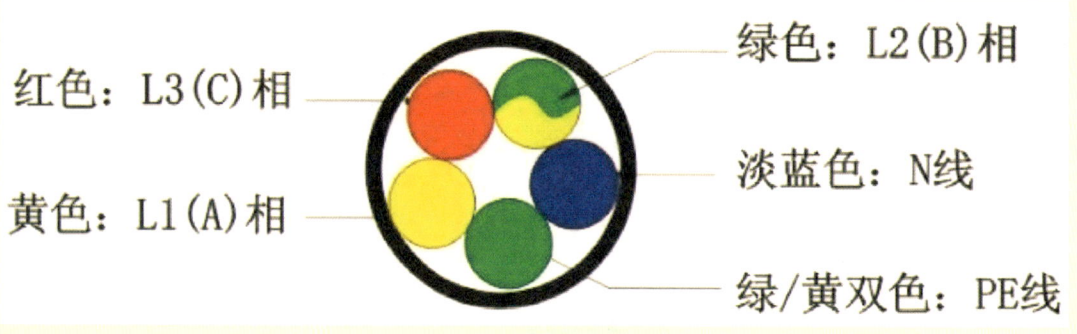

图例1.6.2.2：五芯电缆剖面图

三、临时用电接地装置安全要求

临时接地装置是指临时埋设在地下的接地电极与由该接地电极到设备之间的连接导线，装设临时接地线时应注意以下事项：

（1）人工接地体是采用热镀锌材质钢柱人工埋入地中作为接地体。接地体插入大地有效深度不得低于600mm。自然接地体是施工前已埋入地中，并可兼作接地体用的各种构件，如钢筋混凝土基础的钢筋结构等（参考图例：1.6.3.1）。

（2）接地线必须使用多股铜软导线，用螺栓与接地体连接。严禁用导线线头缠绕在接地体上（参考图例：1.6.3.2）。

（3）分配电柜（箱）、开关箱或机械设备外露可导电金属部件应进行重复接地，接地电阻值不得大于10Ω（参考图例1.6.3.3）。

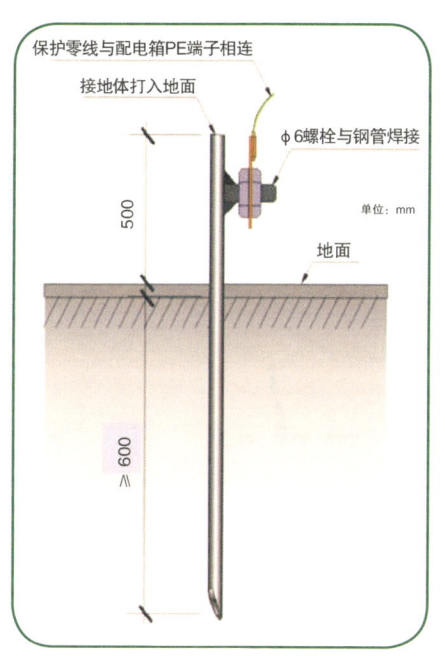

图例1.6.3.1：正确接地示意图

图例1.6.3.2：人工接地体及接地线

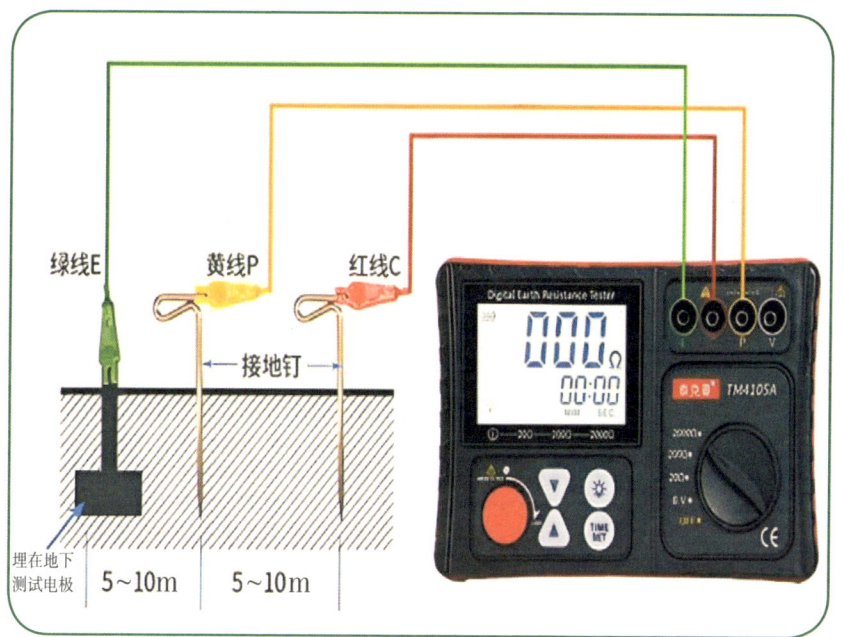

图例1.6.3.3：接地电阻测量

四、临时用电常见违章行为

临时用电常见违章行为参考图例 1.6.4.1 ~ 1.6.4.15。

图例 1.6.4.1：熔断开关无熔断保险丝，电源直接绕过熔断开关取电，无接地线

图例 1.6.4.2：配电线绕过漏电开关取电，无漏电保护作用

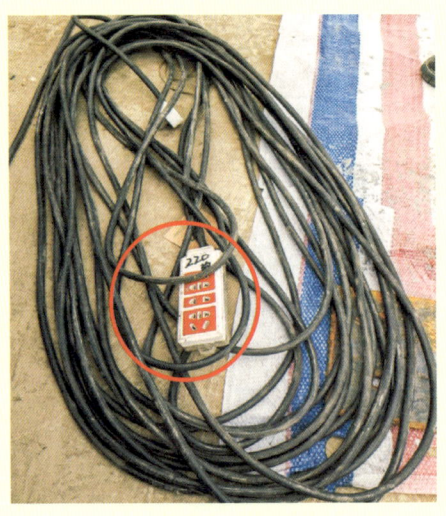

图例 1.6.4.3：配电线绕过漏电开关取电，无漏电保护作用

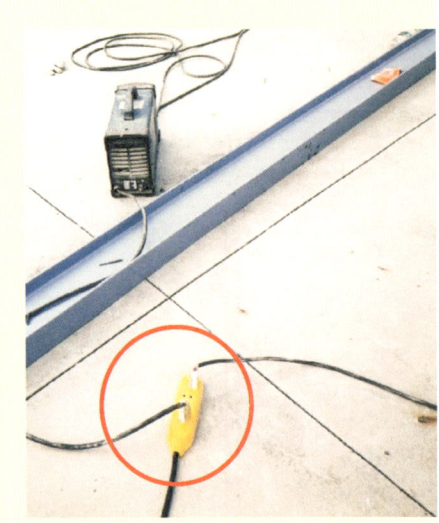

图例 1.6.4.4：未经漏电装置保护，电线私拉乱接

第一章　施工安全管控典型问题

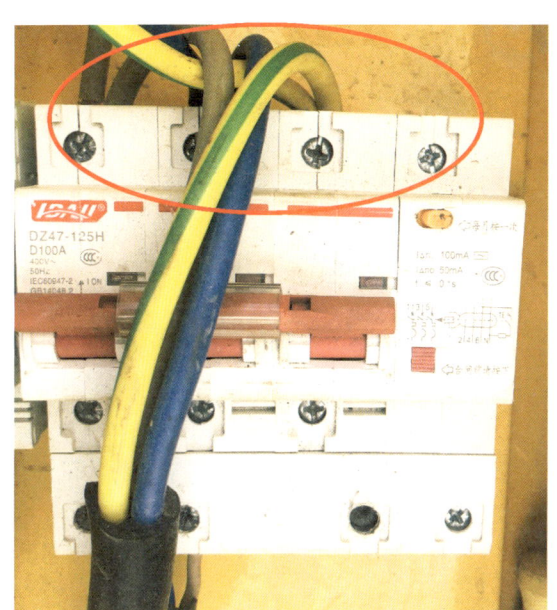

图例 1.6.4.5：未经漏电装置保护，电线私拉乱接

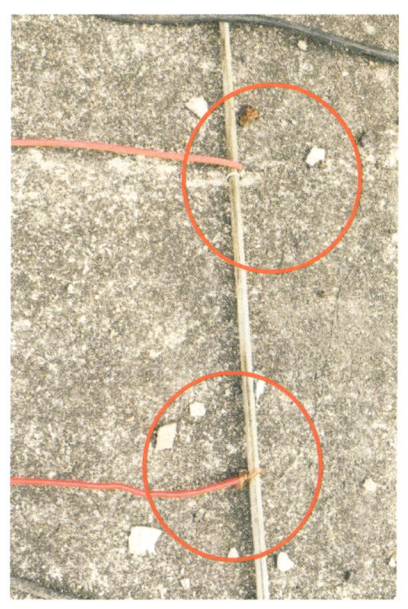

图例 1.6.4.6：接地线未使用黄绿色外皮的 PE 保护线，连接方式采用直接缠绕接地体

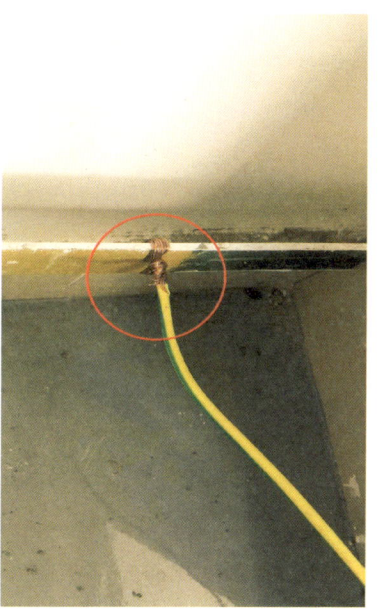

图例 1.6.4.7：使用缠绕的方式接地不规范，接入点有绝缘油漆会导致接触不良

图例 1.6.4.8：接地线接入无接地体的金属构件

图例 1.6.4.9：接地棒未插入泥土中、埋深不足 0.6m

图例 1.6.4.10：接地线夹不规范、安装在有油漆的地方、未使用黄绿线作为接地线

图例 1.6.4.11：施工现场临时配电箱应架高固定

图例 1.6.4.12：开关箱内开关一闸多接

图例 1.6.4.13：使用"三通"接线器，不符合一机一闸要求

图例 1.6.4.14：电线直接插入配电箱插座内，无接地线接入接地线排，箱门无软编织带联接

图例 1.6.4.15：电源箱内未安装漏电保护开关

第七节　安全文明施工典型问题

一、"五牌一图"设置

据《建筑施工安全检查标准》第三节第二条第四款项第一项第一目规定：施工现场必须设有"五牌一图"，即工程概况牌、管理人员名单及监督电话牌、消防保卫牌、安全生产牌、文明施工牌和施工现场总平面图（参考图例：1.7.1.1、1.7.1.2）。

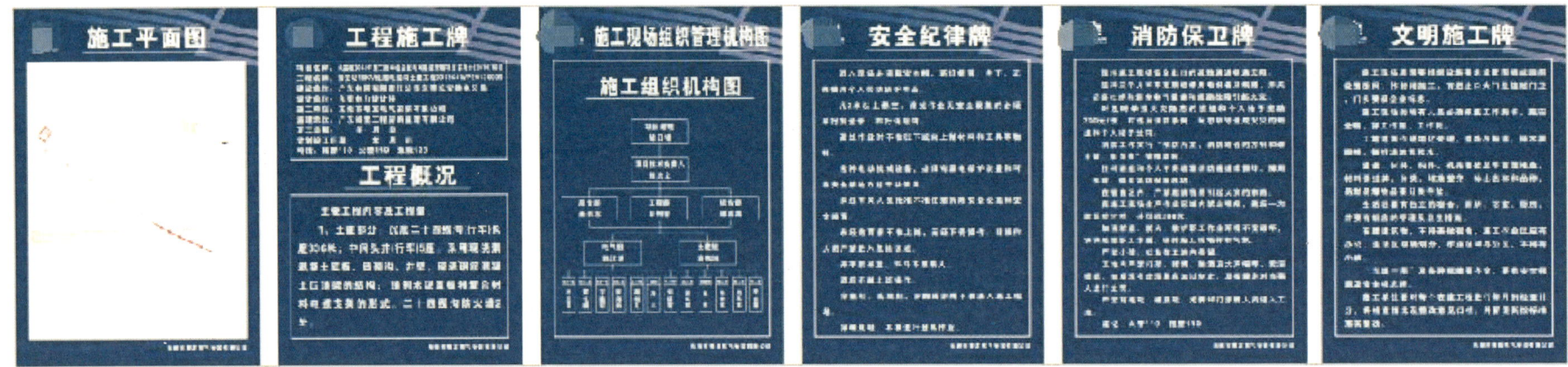

图例1.7.1.1："五牌一图"示例图

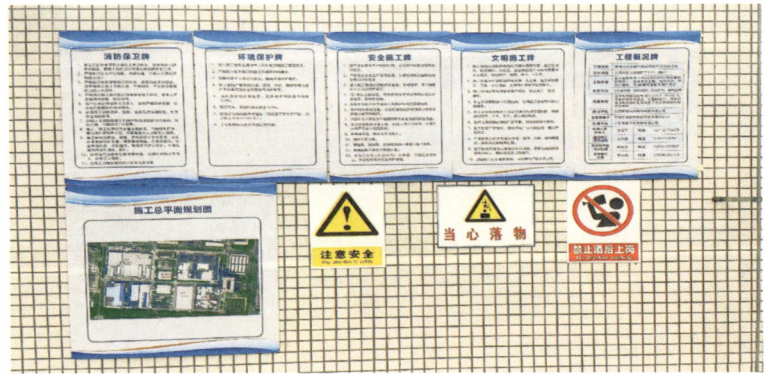

图例1.7.1.2: 施工现场设置"五牌一图"

二、施工现场安全警示标识及安全围蔽

施工现场是一个非常繁忙和危险的地方，需要采取一系列的安全措施来保护工人和路人的安全。其中，安全围蔽和安全警示标识是十分重要的组成部分。

1. 安全围蔽

（1）安全围蔽在施工现场起到了至关重要的作用。它们用于将施工区域与周围环境隔离开来，避免路人进入施工区域，减少事故的发生。

（2）根据现场实际环境选择使用硬围蔽（栏）和软围蔽（栏），施工工期大于1天的应采用硬围蔽（栏），具体设置要求参考图例：1.7.2.1。

（3）安全围蔽上应相应设置安全标识。安全标识应包括安全警示标志、安全告示标志、禁止标志等，以便施工人员清楚了解施工现场的安全要求和规定（参考图例：1.7.2.2）。

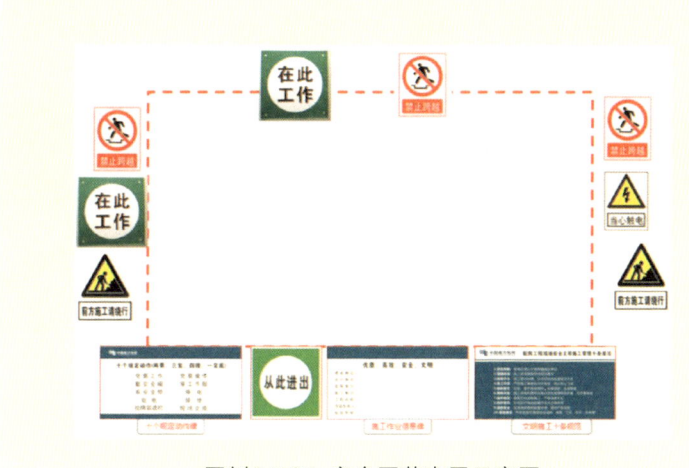

图例 1.7.2.1: 安全围蔽布置示意图

图例 1.7.2.2: 安全围蔽示例图

2．安全警示标识

（1）在施工现场的显著位置设置安全标识。安全标识应包括安全警示标志、安全告示标志、禁止标志等，以便施工人员清楚了解施工现场的安全要求和规定（参考图例：1.7.2.3）。

（2）施工现场应按功能合理分区，设置相应的材料堆放区、材料加工区、人员休息区等，并做好相应标识（参考图例：1.7.2.4）。

图例 1.7.2.3：施工区域安全警示标识

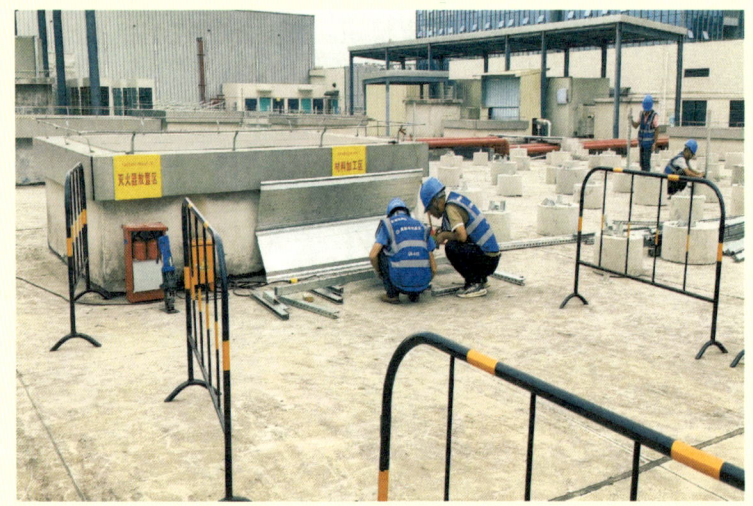

图例 1.7.2.4：施工现场区域标识

三、文明施工和环境保护

由于施工过程中产生了大量噪声、粉尘和废弃材料,对环境和周边居民造成了一定的影响。为了促进可持续发展和提高城市居民的生活质量,需要采取一系列的文明施工和环境保护措施。

1. 减少噪声污染

在光伏项目施工中,经常会有产生较大噪声的施工环节,如:冲击钻孔、切割金属等(参考图例:1.7.3.1、1.7.3.2)。应采用相应措施减少噪声污染:

(1)实施合理作息时间:合理安排施工作业时间,避免在夜间或者居民休息时间进行噪声较大的作业。同时,在早晚交通高峰期也应尽量减少施工活动,以降低交通堵塞引起的噪声(参考图例:1.7.3.3)。

(2)使用低噪声设备:在选择机械设备方面,应选用低噪声、低振动、高效节能的设备,例如使用静音型发电机和静音型混凝土搅拌车等,并加强设备维护保养,及时更换老化配件,减少设备噪声。

图例1.7.3.1:冲击钻孔

施工阶段	主要噪声源	噪声限值(昼间)	噪声限值(夜间)
土石方	推土机等	75	55
打桩	各种打桩机等	85	禁止施工
结构	振捣棒、电锯等	70	55
装修	吊车、升降机等	65	55

图例1.7.3.3:《中华人民共和国环境噪声污染防治法》规定施工噪声限值

图例1.7.3.2:金属切割产生噪声

2．控制粉尘扬散

施工现场还需采取以下措施减少粉尘污染：

（1）粉尘源管理：严格控制施工现场产生的粉尘，包括采用湿式作业和覆盖材料等手段将粉尘扬散降到最低限度。例如，在破碎或者拆除混凝土时，采用喷水降温和增加湿度，以减少粉尘产生（参考图例：1.7.3.4）。

（2）封闭装卸场所：在运输、搬运和装卸材料过程中，应使用密闭车辆并配备防尘设施以减少细颗粒物的散发，在驶出工地时应对渣土车进行清洗。同时，在洒水车洒水时必须确保洒水均匀覆盖，并及时清理道路上的积尘（参考图例：1.7.3.5）。

（3）加强清洁管理：定期清理施工现场及周边区域的积尘，并使用环保型吸尘器进行清洁作业。此外，要求工人佩戴口罩、防护眼镜等个人防护用品，减少粉尘对施工人员的伤害（参考图例：1.7.3.6）。

图例1.7.3.4：湿式钻孔（降尘措施）

图例1.7.3.5：对出场渣土车进行清洗

图例1.7.3.6：定期除尘

3．固体废弃物处理

（1）工期超过三个月的光伏施工项目都应设置垃圾分类与回收：建立科学合理的垃圾分类制度，将可回收物与其他生活垃圾分开投放，并组织相关回收企业进行收购和处理。同时，提倡"减量、再利用、循环利用"的原则，减少废弃物产生（参考图例：1.7.3.7）。

（2）合理储存与处理：严格按照卫生标准设置固体废弃物存放点，并保持密封性和防止异味扩散。对于有害废弃物，应委托专业机构进行妥善处理，确保不对环境和人体健康产生负面影响。

（3）传播环保理念：通过加强环保知识的宣传和教育，提高施工工人的环保意识和责任感。在现场张贴相关环保标语、示范牌等，鼓励大家共同参与施工现场文明施工与环境保护工作，定期对施工现场进行清洁（参考图例：1.7.3.8）。

图例 1.7.3.7：垃圾分类

图例 1.7.3.8：未定期清理施工现场垃圾

第八节 安全检查及隐患排查

一、公司安全督查

公司安全督查是安全监管部专职督查人员对施工项目贯彻安全生产法律法规的情况、安全生产状况、劳动条件、事故隐患等进行的检查,其主要内容包括查思想、查制度、查机械设备、查安全卫生设施、查安全教育及培训、查生产人员行为、查防护用品施工、查伤亡事故处理等。

(1)公司安全监管部根据光伏施工的施工计划及作业风险等级,安排专职安全监督人员到施工现场进行安全督查(参考图例:1.8.1.1)。

(2)安全监督时,应填写施工现场督查表单(参考图例:1.8.1.2)。

图例1.8.1.1:现场安全督查　　　　　　　　图例1.8.1.2:施工现场督查表单

二、项目部安全自查

施工项目部安全自查是指施工项目部安全员定期对施工项目部安全管理工作进行自查，对自查发现的安全隐患采用自暴露的形式进行汇报。

（1）施工项目部安全员定期对施工现场进行安全自查，安全自查内容包括：消防器材检查、临时用电检查、安全工器具检查、安全围蔽围栏检查（"五口四临边"）等（参考图例：1.8.2.1、1.8.2.2）。

（2）施工项目部安全自查记录要在施工现场进行展示（参考图例：1.8.2.3）。

（3）项目部安全自查发现的违章（隐患）可以采用"自暴露"的形式进行上报。

图例 1.8.2.1：消防器材检查

图例 1.8.2.2：临时用电检查

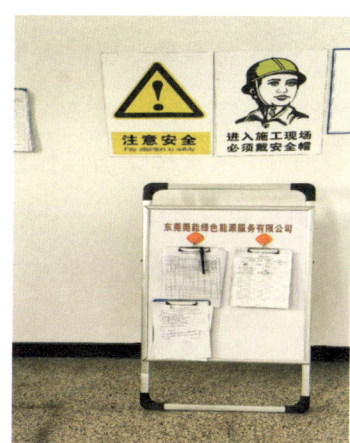

图例 1.8.2.3：展示检查记录

三、施工班组安全自查

施工班组在开工前由工作负责人或安全员按照"七步法"的要求对人员精神状态、人员资质、施工机具（安全工器具）、安全措施落实情况及人员作业过程违章情况进行检查，发现不合规现象立即制止并纠正。

1. 开工前，工作负责人或安全员对人员资质、人员精神状态进行检查（参考图例：1.8.3.1），包括：

（1）核查确认现场作业人员是否通过安规考试，特种作业人员（如有）的特种作业资质是否合格有效。

（2）核查确认临时人员（如有）是否落实安全教育并签订安全协议。

（3）核查确认当日作业人员与票面是否一致，变更人员是否按规定办理变更手续。

（4）核查确认作业人员职业禁忌情况，核查确认作业人员精神状态。

2. 开工前，工作负责人或安全员对准备使用的施工机具（安全工器具）进行以下检查（参考图例：1.8.3.2、1.8.3.3）：

（1）检查本次作业使用的全部工器具是否合格，是否有试验合格标识，试验日期是否在有效期内。

（2）检查确认本次作业视频终端是否配置足够，是否能够覆盖全部作业现场，是否对准站班会、施工作业点。

图例 1.8.3.1：安全员核查人员资质

图例 1.8.3.2：安全员检查工器具 1

图例 1.8.3.3：安全员检查工器具 2

3. 开工前，安全员应对工作票或交底单规定的安全措施进行核查，确保全部已经按照要求落实（参考图例：1.8.3.4）。

4. 开工前，检查施工人员的安全帽、工作服、反光马甲、安全带是否正确穿戴（参考图例：1.8.3.5）。

5. 施工过程中对作业人员的行为进行监护，发现施工人员存在违章行为及时制止并纠正（参考图例：1.8.3.6）。

6. 工作结束前，检查安全措施是否拆除，施工人员是否全部撤离施工现场。

7. 工作结束前，检查施工现场是否遗留工器具，施工垃圾是否已清理。

图例 1.8.3.4：安全员检查安全措施

图例 1.8.3.5：施工人员规范穿戴（安全帽、工作服、反光衣）

图例 1.8.3.6：安全员现场监护

四、安全问责与整改

对公司安全督查发现的施工人员违章行为，按照公司的《安全问责管理办法》《安全生产奖惩管理办法》对相关违章责任人、责任班组进行问责、处罚，相关违章责任人、责任班组应组织开展违章复盘、原因分析并制定整改预防措施，落实整改。

1．违章问责

（1）公司安全监督发现施工人员违章行为及时制止并取证后，要求施工人员立即纠正违章行为。

（2）安全监管部按照公司《安全问责管理办法》《安全生产奖惩管理办法》对相关违章责任人、责任班组（分包商）发出《安全违章处罚通知单》（参考图例：1.8.4.1）及公司违章处罚通报（参考图例：1.8.4.2）。

（3）要求违章人员进行违章约谈及自省（参考图例：1.8.4.3）。

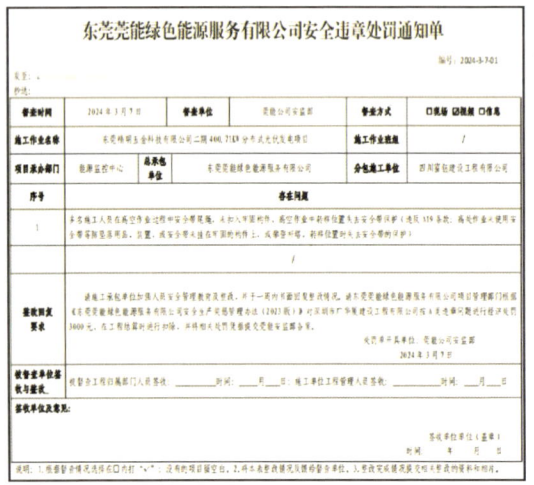

图例 1.8.4.1：违章处罚通知书

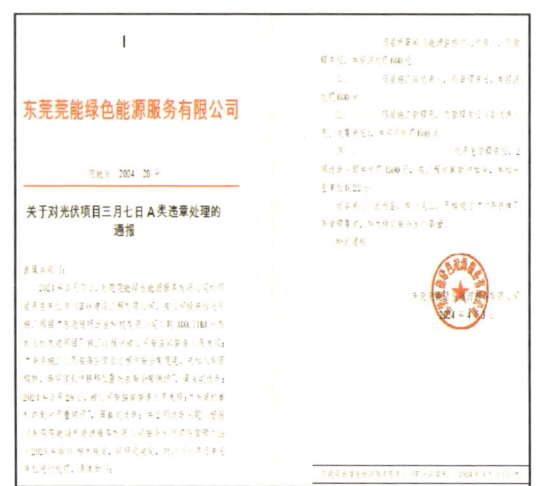

图例 1.8.4.2：违章处罚通报

图例 1.8.4.3：违章约谈

2. 违章复盘及整改

(1)责任班组(分包商)组织开展违章复盘,分析违章根本原因(参考图例:1.8.4.4),开展违章反思、讨论活动(参考图例:1.8.4.5),制定整改及预防措施,送公司安全监管部审核、分管领导审批。

(2)责任班组(分包商)按照通过审批的整改方案落实整改并提交整改报告(参考图例:1.8.4.6),经公司安全监管部审核检验符合整改要求,完成整改闭环。

图例1.8.4.4:违章分析、违章复盘

图例1.8.4.5:违章反思、讨论活动

图例1.8.4.6:整改报告

第九节 其他施工安全典型问题

一、“十个规定动作”安全管控要求

“十个规定动作”是在电气设备及电气场所工作时的一系列基本安全规定，旨在确保工作人员的安全，总结为“两票、三宝、四措、一交底”，配电房内进行停电作业时必须严格执行“十个规定动作”，具体要求：

1.“两票”

即工作票和操作票。

（1）在配电房进行停电作业时必须办理工作票（参考图例：1.9.1.1）。

（2）操作配电房开关、刀闸时必须办理操作票，且履行一人操作一人监护及唱票制度（参考图例：1.9.1.2）。

图例 1.9.1.1：工作票样票

发令人　　　　受令人　　　　发令时间　　年　月　日　时　分	
操作开始时间：　年　月　日　时　分　操作结束时间：　年　月　日　时　分	
（　）监护下操作　（　）单人操作　（　）检修人员操作	
操作任务：	
顺序	操　作　项　目
1	按生产要求逐渐降负荷停机，通知停电影响设备的相关人员。
2	高压进线柜或变压器柜上多功能仪表电流为1～3A，三相平衡，电压6KV左右。
3	现场设备或相关设备符合停机要求，电工确认可以停机。
4	班长或上级管理人员通知电工停机。
5	分闸开关旋至分闸位置，断器路有清脆动作声。
6	多功能仪表电流读数为0，智能保护装置显示分闸，且为绿色。
7	打开开关锁，手柄插入，匀速、缓慢摇出断路器至试验位置，试验位置指示灯亮。
8	轻拔出航空插头，并挂好。
9	顺时针操作，合上接地刀。
10	接地指示器在接地位置，智能操控装置接地显示正常。
11	断开控制电源。
12	挂上“禁止合闸”警示牌，通知相关人员，已断电。
13	填写高、压柜停、送电记录。
14	以上操作已执行，是（　）否（　）。
备注：1、高压进线柜无接地刀，只需摇出断路器，必要时断开总降对应开关柜，在高压进线柜进线接专用接地线，总降开关柜有专人看守。2、做好个人防护，全身干燥，地面及柜体绝缘良好。	
操作人：________ 监护人：________ 当班负责人：________	

图例 1.9.1.2：操作票样票

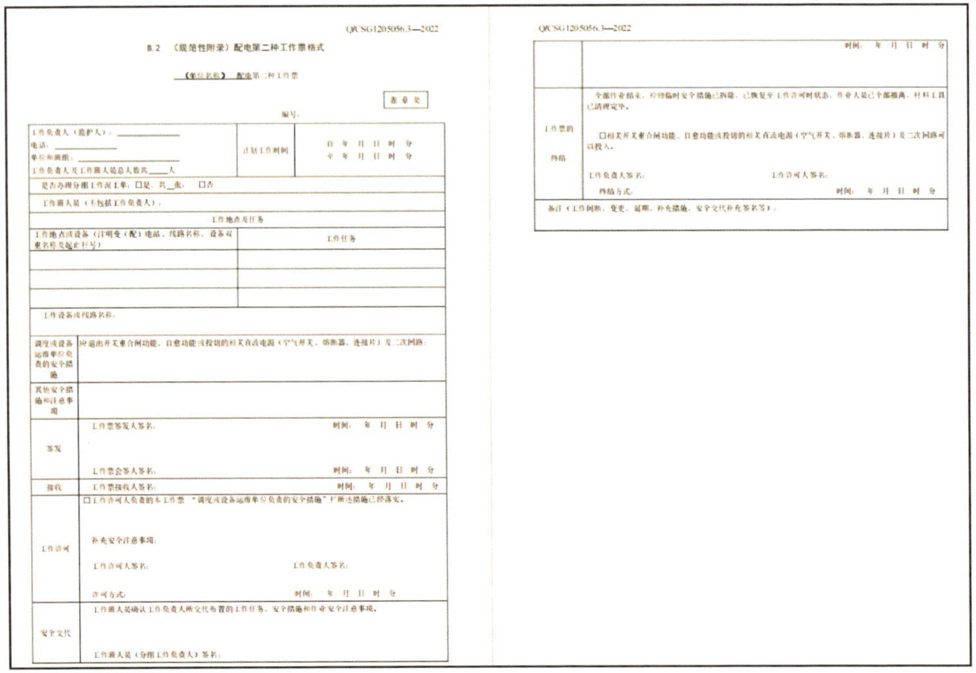

2. "三宝"

即：戴安全帽、穿工作服、系安全带。

（1）作业人员要正确佩戴安全帽（参考图例：1.9.1.3）。

（2）作业人员要穿工作服（参考图例：1.9.1.4）。

（3）高处作业人员要正确佩戴安全带（参考图例：1.9.1.5），详见第三节《高空作业安全管控要点》。

图例 1.9.1.3：正确佩戴安全帽

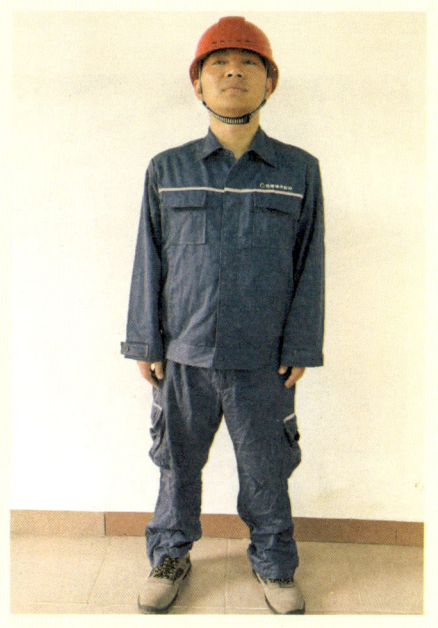
图例 1.9.1.4：正确穿工作服

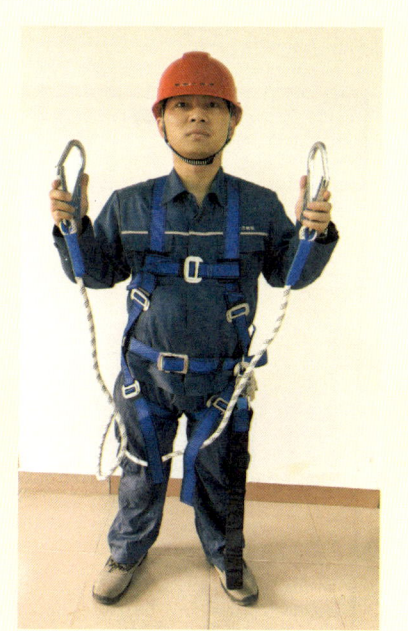
图例 1.9.1.5：正确佩戴安全带

3. "四措"

即：停电、验电、接地、挂牌装遮拦。

（1）作业人员严格按照工作票安全措施要求进行停电操作（参考图例：1.9.1.6）。

（2）作业人员用低压相同的验电器进行验电，确保设备已经停电（参考图例：1.9.1.7）。

（3）作业人员严格按照工作票安全措施及安全规程要求装设接地线（参考图例：1.9.1.8）。

（4）作业人员严格按照工作票安全措施要求在相应的刀闸、开关挂牌（参考图例：1.9.1.6），并对作业区域进行围蔽遮拦（参考图例：1.9.1.9）。

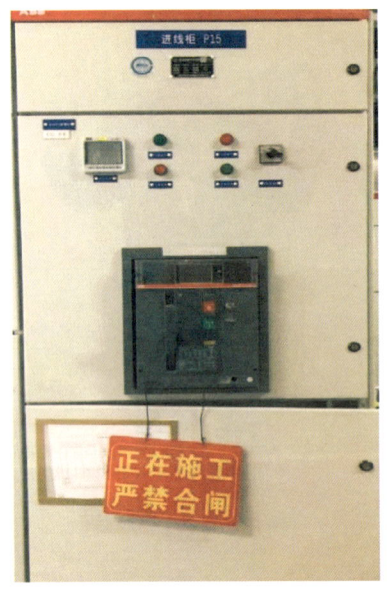
图例 1.9.1.6：停电并悬挂警示牌

图例 1.9.1.7：用验电器确认停电状态

图例 1.9.1.8：装设接地线

图例 1.9.1.9：装设遮拦防止误入带电间隔

4. "一交底"

即现场安全技术交底。

（1）工作负责人在开工前组织召开现场站班会进行安全技术交底，站班会需拍摄视频并上传至公司微信工作群（参考图例：1.9.1.10）。

（2）现场站班会安全技术交底应严格执行"七步法"。

（3）安全技术交底时应大声传达，确保施工人员明确以下内容：①当天作业任务、作业风险及控制措施；②现场带电部位；③工作任务安排；④应急处置方案。

（4）现场安全技术交底完成后，填写安全技术交底记录，所有接受交底人员都需签名确认（参考图例：1.9.1.11）。

图 1.9.1.10：现场安全技术交底（站班会）

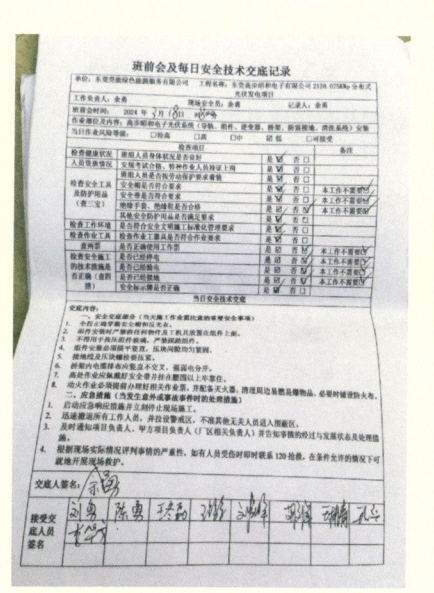

图 1.9.1.11：现场安全技术交底记录

二、作业资料（表单）管控要求

为辅助工作负责人在施工现场做好安全管控，施工现场工作负责人必须有以下作业资料（表单）：

1. 施工方案

施工负责人负责编制施工工程对应的项目施工方案，施工方案须经施工单位项目负责人、本公司项目负责人、项目管理部门负责人逐级审批签名。对危险性、复杂性和困难程度较大的作业项目，如复杂的吊装作业、脚手架安装、高支模等危大作业内容，项目管理部门应要求施工单位编制有针对性的专项施工方案，专项施工方案除经施工单位项目负责人、本公司项目负责人、项目管理部门负责人逐级审批签名外，须增加本公司安监部负责人及公司主要负责人审核签名，方可开展现场施工作业（参考图例：1.9.2.1、1.9.2.2）。

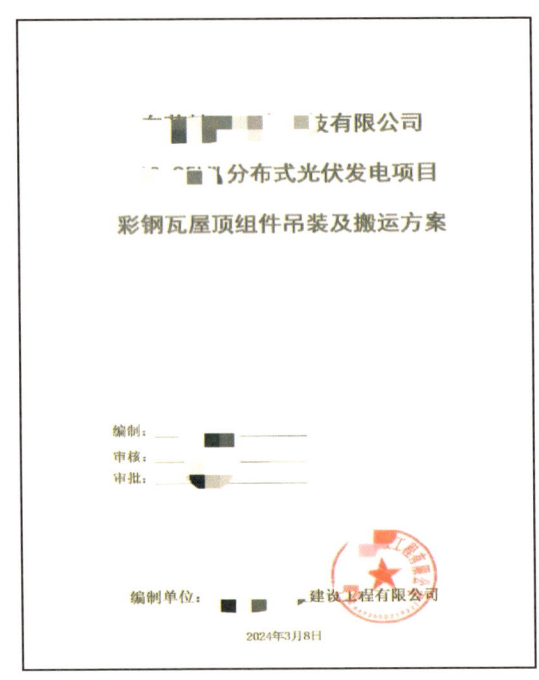

图例 1.9.2.1：施工方案编制

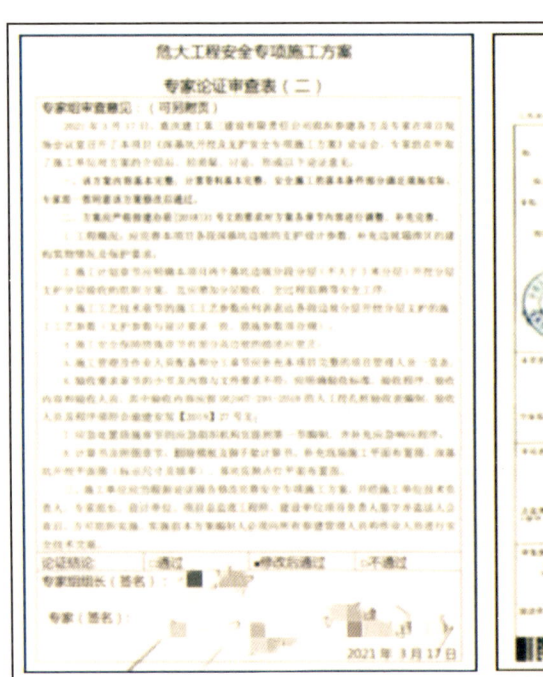

图例 1.9.2.2：危大工程安全专项施工方案须逐级审批

2. 施工作业票

工作负责人根据当天涉及的作业任务，选取相应的安全施工作业票，并规范填写（参考图例：1.9.2.3）。

3. 作业指导书

工作负责人根据当天涉及的作业任务，选取相应的作业指导书（参考图例：1.9.2.4）。

4. 施工记录表

工作负责人根据当天的作业任务，选取相应的施工记录表，并根据检验结果进行填写（参考图例：1.9.2.5）。

图例 1.9.2.3：安全施工作业票　　　　图例 1.9.2.4：作业指导书　　　　图例 1.9.2.5：施工记录表

三、光伏电气作业安全管控要求

（1）光伏方阵作业不宜在光照较强的时段进行。作业前应将该光伏组件相关设备的断路器或熔断器与电网侧断开。

（2）光伏方阵、直流汇流箱连接作业应采取防止短路和拉弧措施。未完成连接的光伏组串的连接器应进行绝缘保护。

（3）光伏组件之间的连接线缆应可靠固定，连接器应保持悬空状态，以防漏电；不得在雨中进行光伏组件的连线工作（参考图例：1.9.3.1）。

（4）同一光伏组件或光伏组串的正负极不应短接（参考图例：1.9.3.2）。

（5）在光伏组件有电流输出时，不应带电插拔插头。

（6）光伏组件、组串联接或拔插作业、电气测量时，应设专人监护（参考图例：1.9.3.3），并做好防触电、防烫伤的安全措施，如佩戴绝缘手套等（参考图例：1.9.3.4）。

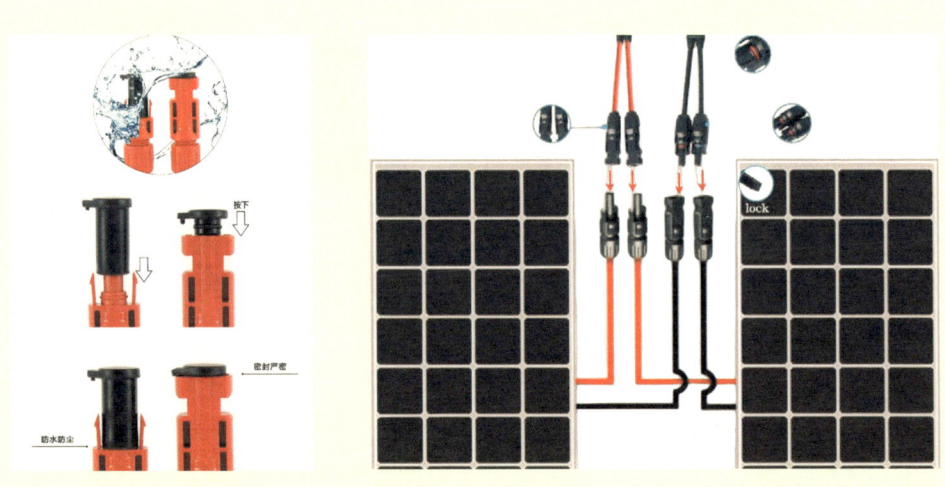

图例 1.9.3.1：组件连接线路固定

图例 1.9.3.2：正负极连接

图例 1.9.3.3：电气测量时设专人监护

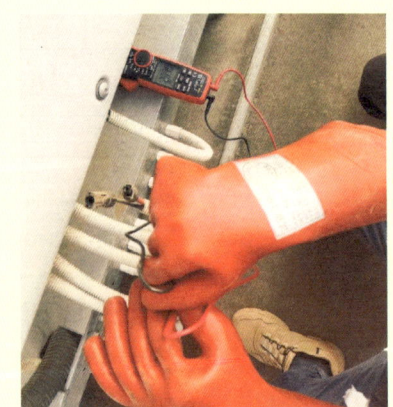

图例 1.9.3.4：联接或拔插作业时应佩戴绝缘手套

（7）直流汇流箱或逆变器至并网柜所有相关设备未完成安装连接前，不得将直流汇流箱或逆变器与光伏组件、组串的电缆进行连接。

（8）汇流箱、柜安装前应检查各元器件电压等级是否符合现场电气设备基本要求，投运前确保箱内总开关和支路开关必须处于断开状态，并对其内部各元件做绝缘测试。

（9）屋顶分布式光伏系统的金属构件应与屋顶防雷与接地系统可靠电气联结，联结点不得少于两处且接地电阻不得大于10Ω（参考图例：1.9.3.5）。

（10）在带电的盘柜附近安装并网柜时应与带电部位保持足够安全距离，与母线仓直接相连的并网柜应在停电时打开封板及安装。无论高压设备是否带电，作业人员不得单独移开或越过遮栏进行作业；若有必要移开遮栏时，应得到设备运维单位或用户单位同意，并有监护人在场（参考图例：1.9.3.6）。

图例 1.9.3.5：防雷与接地系统电阻值测量

图例 1.9.3.6：带电部位安全遮拦

四、其他施工典型违章问题

其他施工典型违章问题可参考图例 1.9.4.1 ～ 1.9.4.8。

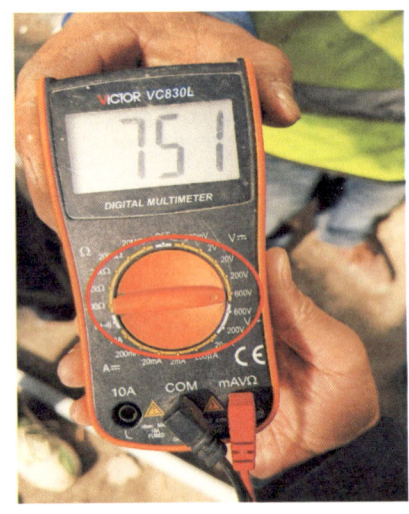

图例 1.9.4.1：万用表超量程测量直流电压

图例 1.9.4.2：卷扬机的锚点不可靠，后拉线绑扎在脚手架上易引起脚手架坍塌

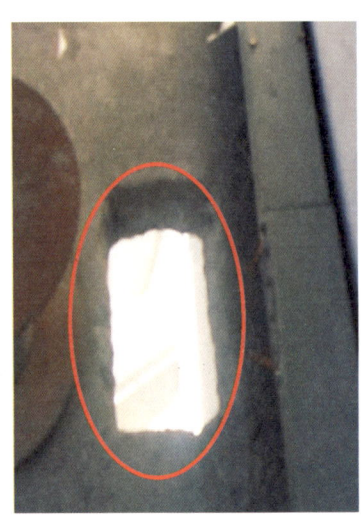

图例 1.9.4.3：施工现场洞口无围蔽隔离和警示措施

图例 1.9.4.4：施工人员未穿戴安全帽、劳保服

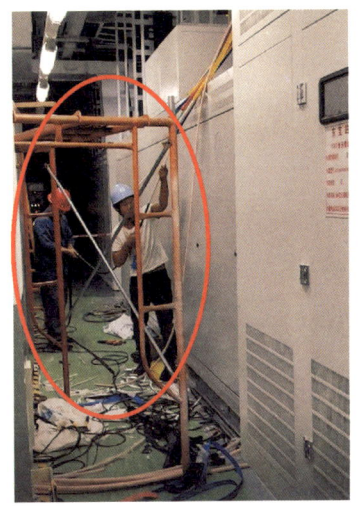

图例 1.9.4.5：配电房内使用金属脚手架

图例 1.9.4.6：施工现场行车道路未采取围蔽隔离措施

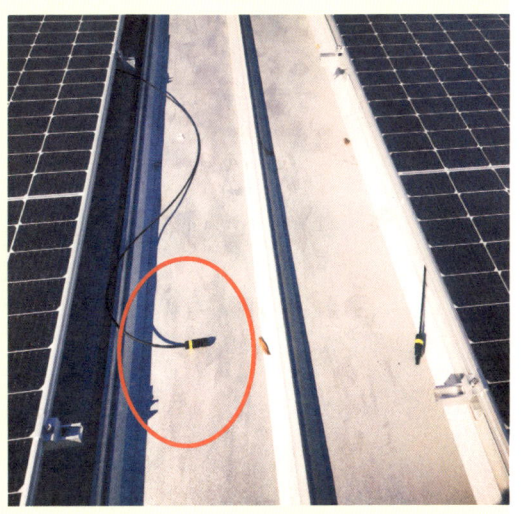

图例 1.9.4.7：施工人员在带电的配电柜附近使用金属梯子作业

图例 1.9.4.8：已组串的 MC4 接头未采取绝缘封堵，直接丢放在金属彩钢瓦面等构件上

第二章
光伏项目设计典型问题

第一节　前期现场勘察工作要点

一、物业产权证明材料

1. 申请人用电报装需提供身份证明及以下任一有效物业证明文件:

（1）建设项目或物业的法定权属证明（提供其中之一即可）:

a.《不动产权证书》（参考图例: 2.1.1.1）;

b.《房地产权证》;

c.《房屋所有权证》;

d.《国有土地使用证》（参考图例: 2.1.1.2）;

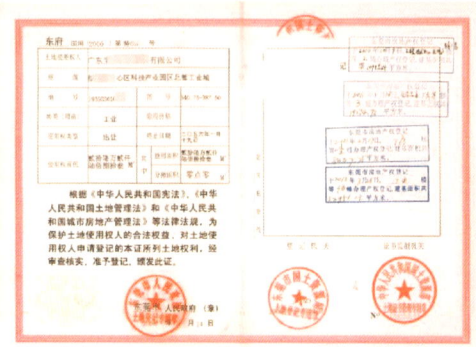

图 2.1.1.2: 国有土地使用证

e.《集体土地使用证》（参考图例: 2.1.1.3）;

f.《集体土地建设用地使用证》。

其中 d、e、f 应附有具体坐标的宗地图。

（2）经不动产登记部门备案的《商品房买卖合同》或房产交易办证回执。

（3）含有明确房屋产权判词的且发生法律效力的法院法律文书（包括判决书、裁定书、调解书等）。

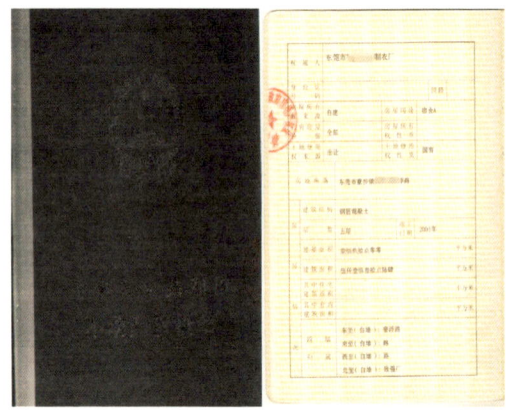

图 2.1.1.1: 不动产权证书

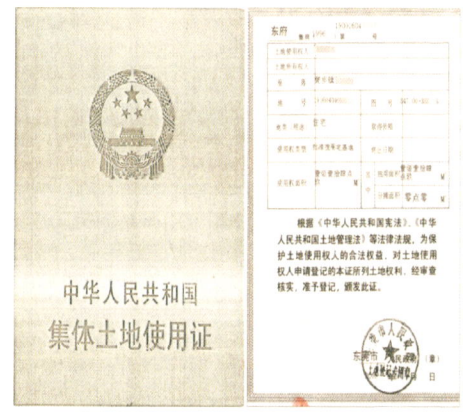

图 2.1.1.3: 集体土地使用证

（4）《农房建设批准书》（仅用于农民安居房报装临时用电）。

（5）《农房验收意见表》（仅用于农民安居房报装永久用电）。

2. 在审查客户提交的物业产权证明材料时，应重点审核以下内容：

（1）产权证的权属人与实际人是否一致。参考图例 2.1.1.4 错误案例一：原土地为 XX 镇 XX 股份经济联合社集体用地出租给 XXX 制模厂，产权证为 "XXX 制模厂"。由于产权证上 "XXX 制模厂" 公司名称变更为 "XXX 制模有限公司" 导致权属人名称不一致，目前已注销，最终造成项目无法备案。解决方案：提供相关协议或者其他佐证资料证明权属人的变更，这些资料逻辑需要形成闭环（参考图例 2.1.1.5）。

（2）仅有建设工程规划许可证，没有其他证明，无法进行项目备案。参考图例 2.1.1.6 错误案例二：某公司的地块仅有建设工程规划许可证，没有其他证明，在项目备案时不予通过。解决方案：出具物业办电信用报告、物业承重报告（参考图例 2.1.1.7）。

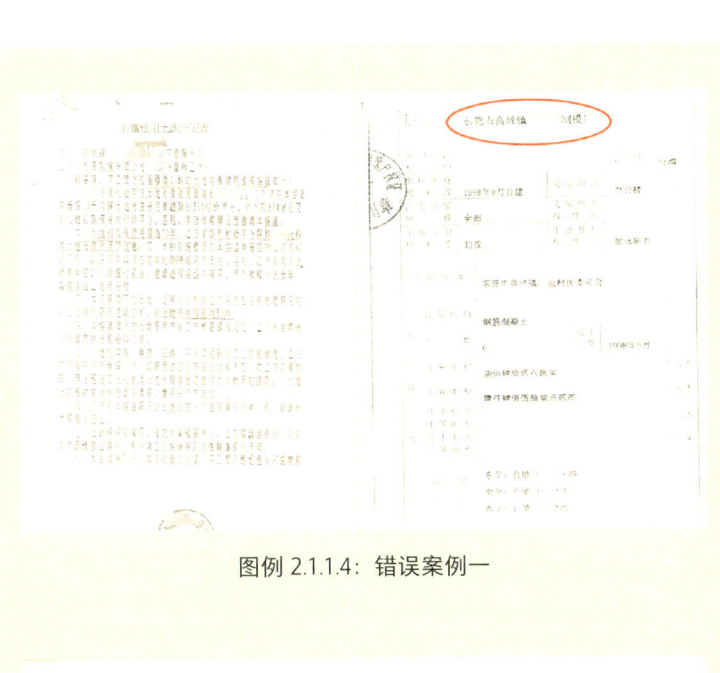

图例 2.1.1.4：错误案例一

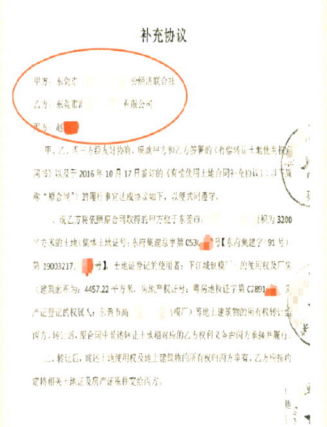

图例 2.1.1.5：补充协议

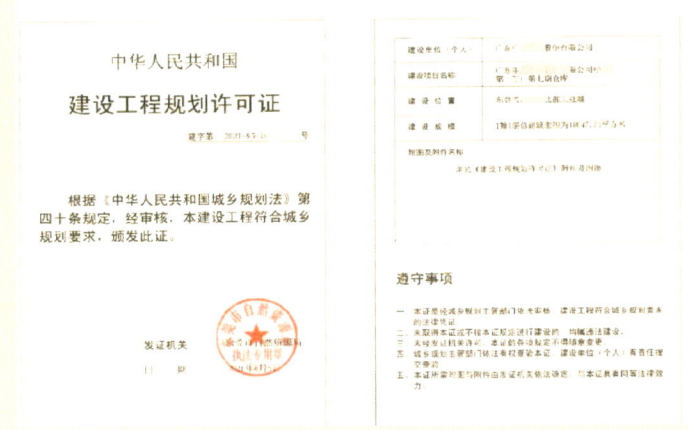

图例 2.1.1.6：错误案例二

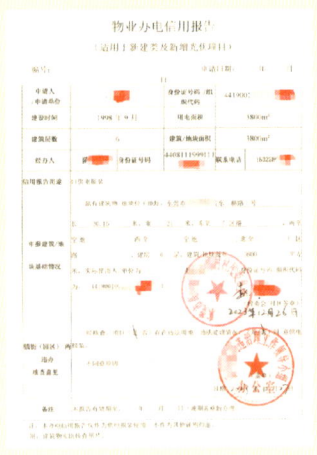

图例 2.1.1.7：物业办电信用报告

二、供电报装资料收集

1．办理光伏发电站建设需要进行供电报装，报装资料必须要明确物业用电设备情况，包括：

（1）设计方案需根据用户实际用电户号的数量编制相同数量的光伏设计方案，并且同一楼面的光伏组件原则上需要接入同一用电户号。

（2）光伏项目备案应按不同的用电户号分别进行备案，一个用电户号需要一份独立图纸、合同、独立备案证等资料（参考图例2.1.2.1）。

（3）供电报装资料应按不同的用电户号分别进行报装。

2．注意事项

同一地块里存在两个或多个用电户号，必须要按照供电局要求做到：一个用电户号需要一份独立图纸、合同、独立备案证等资料。

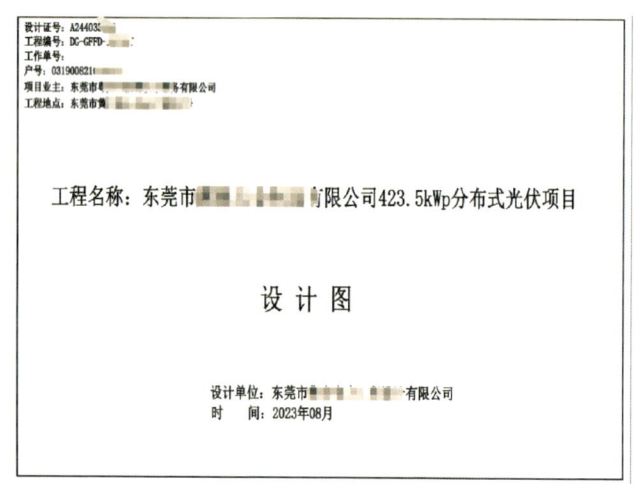 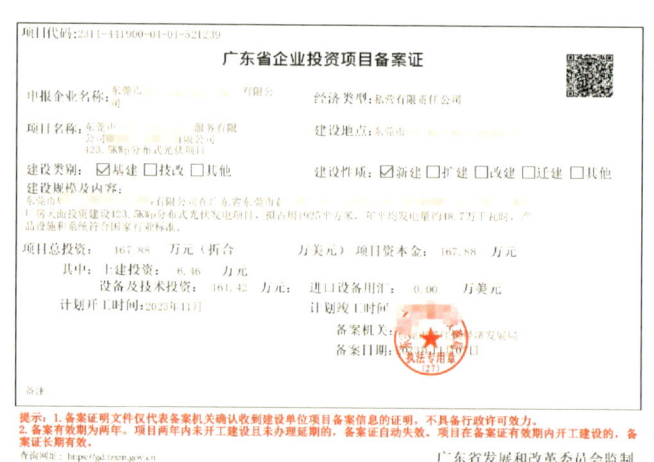

图例 2.1.2.1：一个用电户号对应一份设计图纸、一份备案材料

三、光伏电站容量设计

光伏发电系统容量设计前期相关流程顺序：

选址→现场勘察→规划→设计→施工→完成。

设计步骤如下：

（1）在考察建筑物基础上主要包括以下几个要素：①厂房建设年限；②屋面状况；③屋面板类型；④彩钢板锈蚀情况；⑤电网接入距离；⑥原厂房设计资料、用电负荷等可行性研究（参考图例：2.1.3.1）。

（2）确定技术方案和设备选型。例如：如何选择组件、逆变器、并网柜、交流电缆等。

（3）容量布置设计。需要计算占地面积、场地规划布局、基础施工、围栏设计等。以及计算阴影遮挡部分、组件安装设计等（参考图例：2.1.3.2）。

（4）工程深化设计。主要包括确定土建施工方案、支架抗风能力设计、方阵设计、防雷接地设计、电网接入系统设计等。

图例 2.1.3.1：现场勘查（全景图）

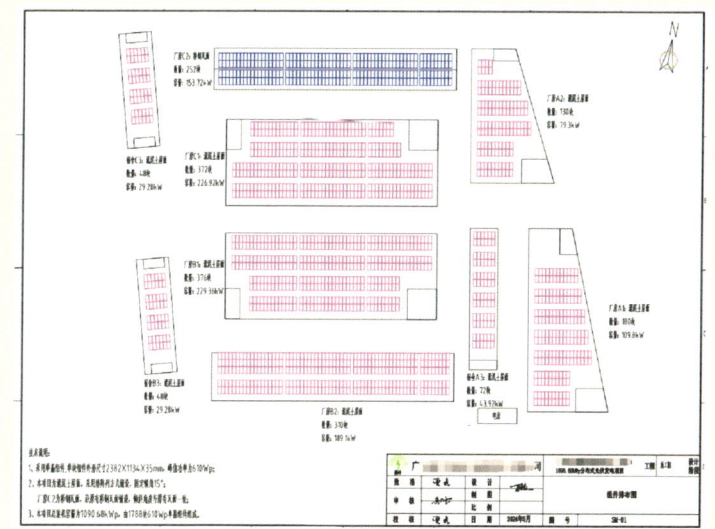

图例 2.1.3.2：设计布置图

四、楼面承重报告

对于在楼面、屋顶上建设光伏发电站的，在前期现场勘查工作时，必须明确以下关键信息：

（1）屋面光伏设计过程，楼龄超过 20 年的应有该楼面的荷载报告，用来评估楼面设计的安全性及合理性（参考图例 2.1.4.1）。

（2）在既有建筑物上增设光伏发电系统时，应根据建筑物的种类分别按照现行国家标准《工业建筑可靠性坚定标准》GB 50144 和《民用建筑可靠性鉴定标准》GB 50292 的规定进行可靠性鉴定。

（3）原有房屋有伸缩缝结构的，光伏阵列设计及钢构设计应有相应的措施。

（4）建筑结构的基础应进行强度、变形、抗倾覆和抗滑移验算，且应符合国家现行标准《构筑物抗震设计规范》GB 50191、《建筑地基基础设计规范》GB 50007、《建筑桩基技术规范》JGJ 94 和《建筑地基处理技术规范》JGJ 79 等规定。

（5）已鉴定为 C 级、D 级的危旧房和存在安全隐患的老旧房屋不能安装光伏项目。

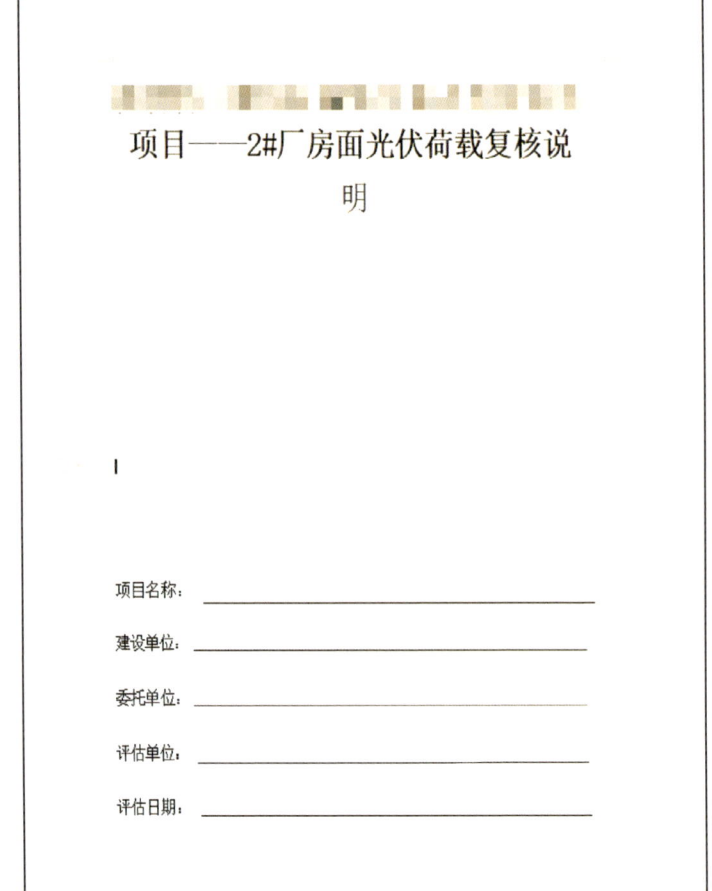

图例 2.1.4.1：正确荷载说明

五、第三方检测机构做安全性鉴定

客户存在以下情况的，需要由具备资质的第三方检测机构（参考图例 2.1.5.1）做安装可行性鉴定，并出具相应的报告（参考图例 2.1.5.2）后方可进行建设：

（1）物业没有房产证或者国有土地使用证。

（2）物业房产证以外部分，存在后期新增钢结构棚顶。

（3）超过房屋设计使用年限或者合理使用年限，需要继续使用的。

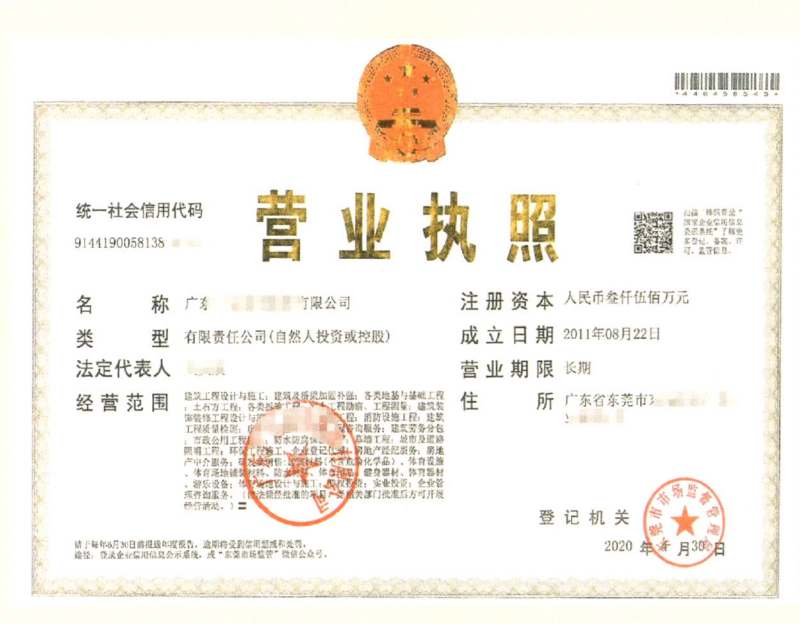

图例 2.1.5.1：第三方检测机构资质

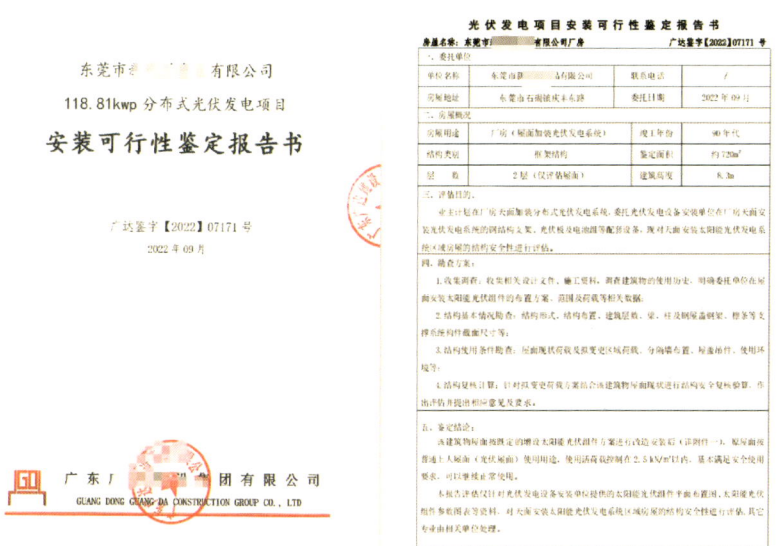

图例 2.1.5.2：安装可行性鉴定报告

六、钢结构承重情况

对于要在客户原有的钢结构棚顶上安装光伏发电站的，在前期现场勘查工作时，必须明确以下关键信息：

（1）光伏项目如涉及在彩钢瓦上进行安装，需要通知设计单位对钢结构进行测量计算，钢结构需满足相应的承重要求以及 25 年的使用年限（参考图例 2.1.6.1）。

（2）钢结构需经有资质的单位及结构工程师对钢结构进行承重测量，并出具相应的检测报告，对不满足承重要求的钢结构制定加固方案或重新搭设钢结构（参考图例 2.1.6.2）。

（3）在楼面上加装钢结构的要出具房屋鉴定报告。

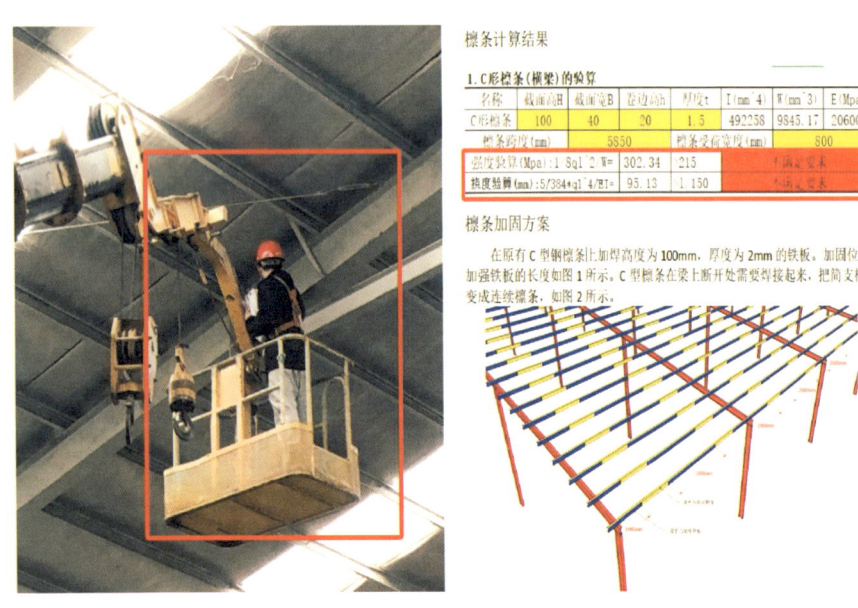

图例 2.1.6.1：对钢结构绩效测量计算并验算

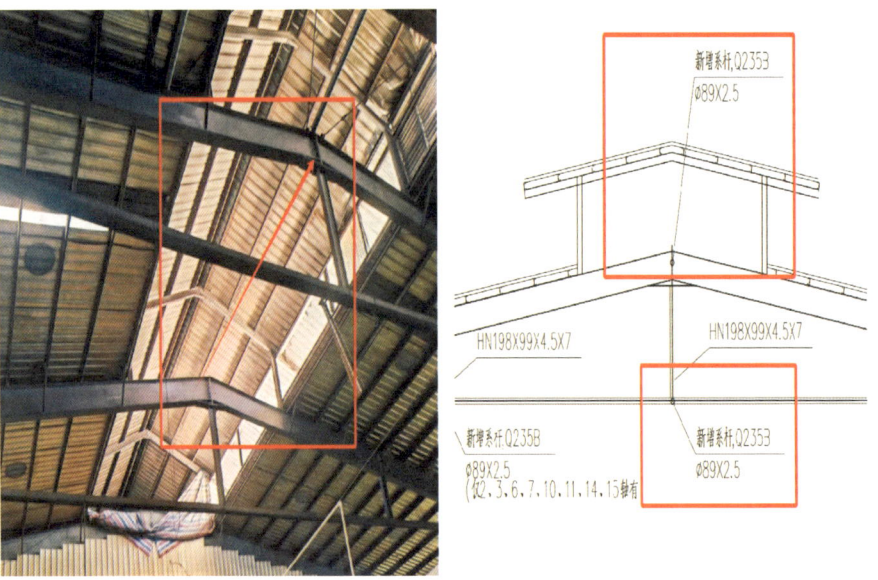

图例 2.1.6.2：经验算，对不满足承重要求的钢结构制定加固方案或重新搭设钢结构

七、客户用电负荷分析

1．按供电部门要求，变压器低压并网时，并网接入总容量不宜超出上级变压器容量的 80%。所以，在开展前期现场勘查工作时，必须对客户用电负荷进行分析后进行施工方案设计及项目投资测算，具体要求：

（1）查看用电客户年度用电功率情况（参考图例 2.1.7.1）。

（2）查看用户工作日及节假日的典型用电功率情况（参考图例 2.1.7.2）。

2．举例：按照图例 2.1.7.2 用户变压器容量为 400kVA，查看其年度、月度、工作日及节假日 07:00-19:00 用电负荷平均使用率处于 270kWh 左右，占 400kVA 变压器的 67%，按供电部门要求：变压器低压并网时，并网接入总容量不宜超出上级变压器容量的 80%。所以按负荷分析表得出光伏最佳装机容量不超过 270kW，以达到发电量的消纳比例最大化。

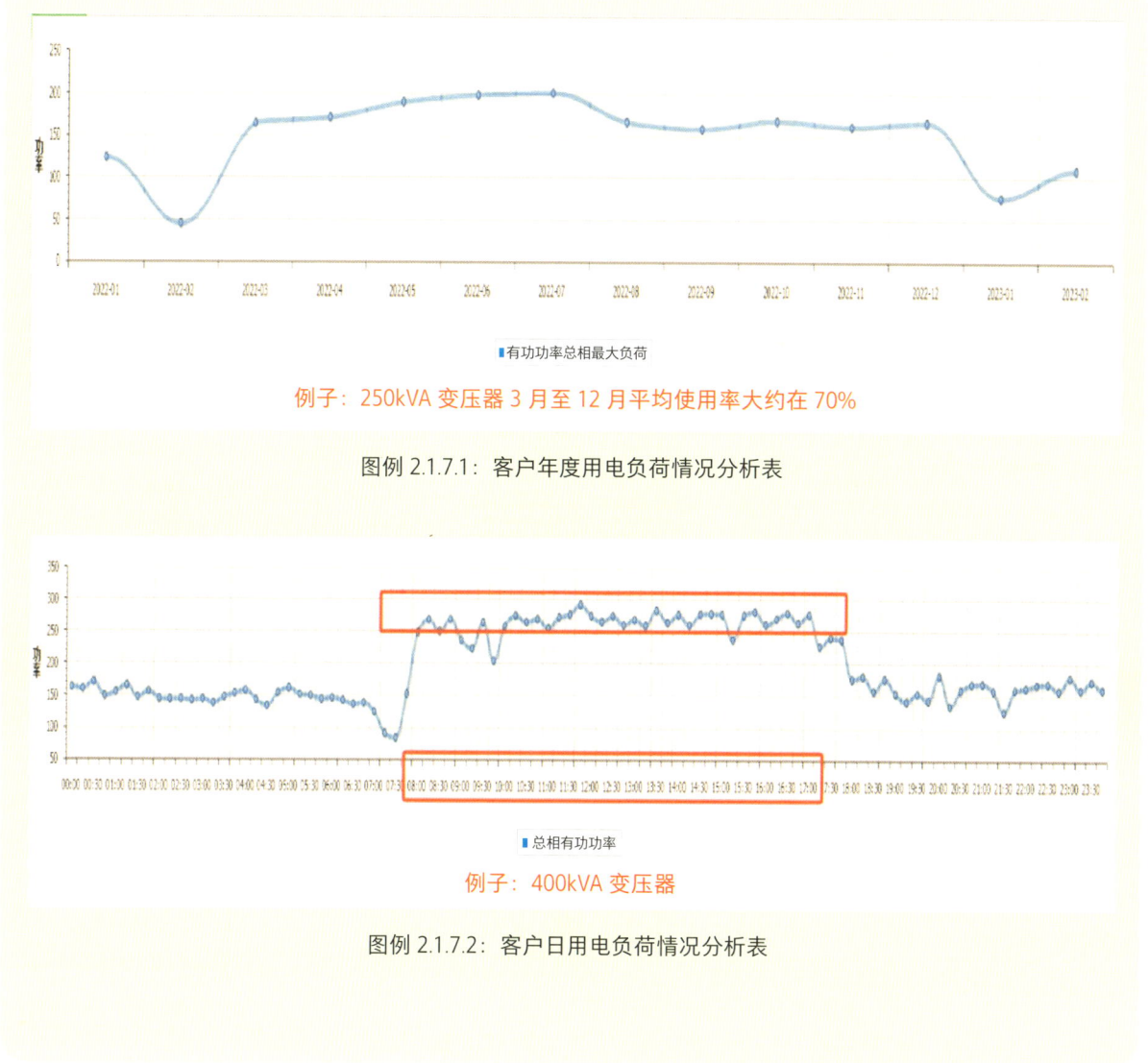

例子：250kVA 变压器 3 月至 12 月平均使用率大约在 70%

图例 2.1.7.1：客户年度用电负荷情况分析表

例子：400kVA 变压器

图例 2.1.7.2：客户日用电负荷情况分析表

第二节　设计图纸的内容及清册

一、设计图纸目录及设计说明

设计图纸目录及设计说明应满足以下规范要求：

（1）设计图纸目录应放在封面后一页，应有项目名称标题、设计单位名称、目录内容及对应的页码等（参考图2.2.1.1）。

（2）设计图纸设计说明应包括工程设计依据、工程概况、主要设备参数、组件及逆变器选择、电气二次要求、防雷接地、低压电缆敷设等相关标准（参考图2.2.1.2）。

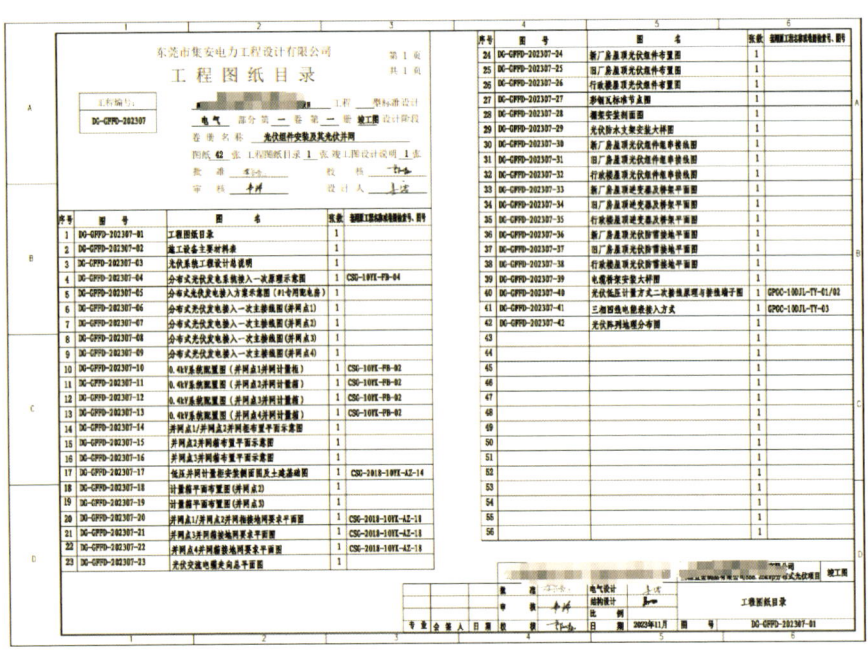

图例2.2.1.1：设计图纸目录

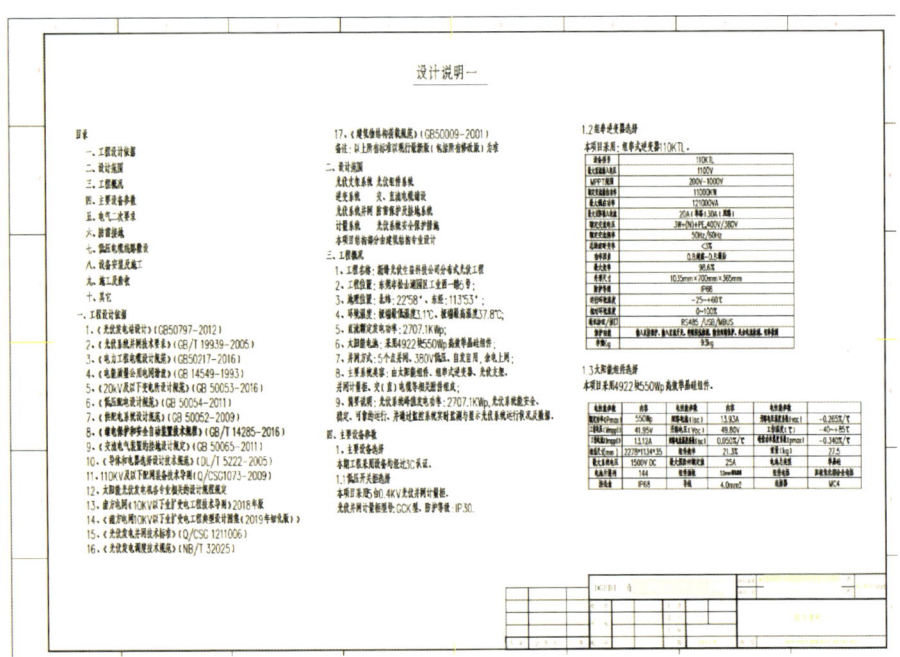

图例2.2.1.2：设计图纸设计说明

二、设计材料清册

设计图纸应附有详细的设计材料清册（参考图例 2.2.2.1），清册内容包括：

（1）光伏组件型号及数量；

（2）并网柜成套型号；

（3）逆变器型号及数量；

（4）汇流箱数量及进线方式（若有）；

（5）计量相关设备；

（6）光伏支架；

（7）交流电缆；

（8）直流电缆；

（9）线槽桥架；

（10）钢结构（若有）；

（11）水槽（若有）；

（12）升降压设备（若有）；

（13）其他施工辅材等。

图例 2.2.2.1：设计材料清册

第三节 光伏组阵布局设计

一、光伏方阵安装倾角、朝向

光伏方阵安装设计时，应按照《光伏发电站设计规范》GB 50797 设计好光伏方阵的倾角、朝向等，具体要求如下：

（1）从发电量的角度出发，采用最佳倾角和朝南的方向无疑是最好的，但大部分屋顶都达不到这个条件，所以需要测量屋顶方位角、屋顶倾斜角度和周围遮挡物，如女儿墙的高度，用光伏软件或测算表计算发电量和收益（参考图例 2.3.1.1）。

（2）组件倾斜角应与所在地区纬度相对应，根据《光伏发电站设计规范》GB 50797 注明：若固定式光伏方阵在该倾角下倾斜面所接收到的年总辐射量最大，则称该倾角为最佳倾角，能最大限度地吸收太阳光，倾角过大或过小都会影响转换效率（参考图例 2.3.1.2）。

（3）根据《光伏发电站设计规范》GB 50797 计算，东莞地区最佳倾角为 15°～17°范围内。

图例 2.3.1.1：确定最佳光伏方阵安装设计

城市	纬度 ϕ（°）	斜面日均辐射量（kJ/m²）	日辐射量（kJ/m²）	独立系统推荐倾角（°）	并网系统推荐倾角（°）
武汉	30.63	13707	13201	$\phi+7$	$\phi-6$
长沙	28.2	11589	11377	$\phi+6$	$\phi-6$
广州	23.13	12702	12110	$\phi+0$	$\phi-1$

图例 2.3.1.2：最佳倾角

二、直流线长度设计

1. 设计直流线长度的影响：

（1）电流损失：接线长度过长会导致电流受到限制，造成电流损失，进而降低光伏系统的发电效率。

（2）电压下降：电线长度过长，导致电阻升高，电压也会相应下降。这意味着会影响系统的最大功率点追踪效率，进而影响光伏发电效果。

2. 一般要求：直流线不应超过 100 米（参考图例：2.3.2.1）。

3. 直流侧电压降（ΔU）的计算公式为：$\Delta U = \rho \times 2 \times L \times I / S$

其中：

ρ：导线电阻率（$\Omega mm^2/m$）；

L：电缆敷设长度（m）；

I：回路计算电流（A）；

S：导线截面积（mm^2）。

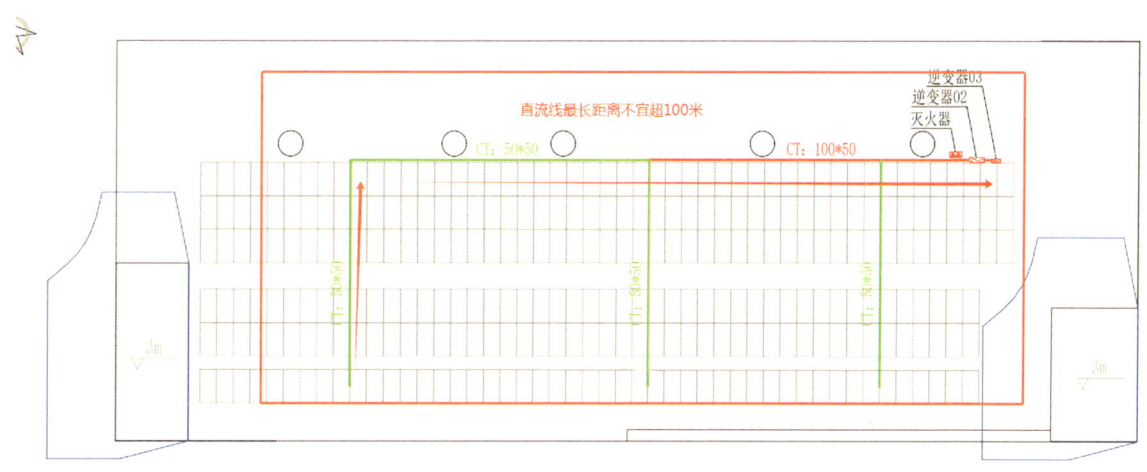

图例 2.3.2.1：直流线长度的设计

三、光伏阵列间距设计

根据《光伏发电站设计规范》（GB 50797—2012），光伏阵列间距的计算以"保证光伏阵列冬至日日照时长 6 小时/天（09:00—15:00）"为目标，屋顶安装固定式光伏阵列，太阳能光伏阵列的安装支架必须考虑前后排间距，以防止前排光伏组件在日出日落的时候产生的阴影遮挡住后排的光伏组件而影响光伏方阵的输出功率。光伏方阵前后间距或与前方遮挡物之间的间距的设计与光伏系统所在纬度、前排方阵或遮挡物高度有关（参考图例 2.3.3.1）。根据建设光伏发电系统的地区的地理位置、太阳运动情况、安装支架的高度等因素，可以由下列公式计算出固定式支架前后排之间的距离：

$$D = 0.707H / \tan\{\arcsin(0.648\cos\Phi - 0.399\sin\Phi)\}$$

其中：

D——前后间距；

Φ——光伏系统所处纬度（北半球为正，南半球为负）；

H——后排光伏组件底边至前排遮挡物上边的垂直高度。

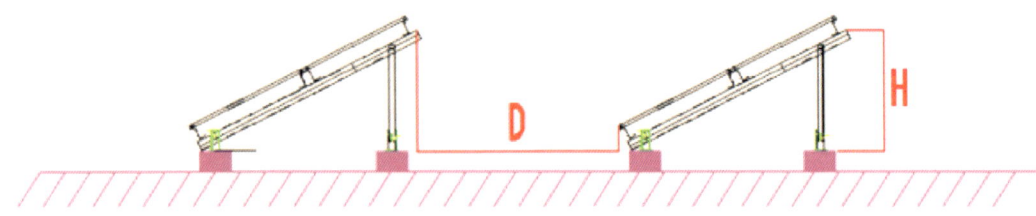

图例 2.3.3.1：光伏阵列间距设计

四、运维通道设计

设计结构性防水光伏项目的运维通道应综合考虑运维人员的安全、运维效率及组件寿命等因素，一般要求如下：

（1）单边组件安装大于 6 米，可适当设置 40～60 厘米宽的运维通道（参考图例：2.3.4.1）；

（2）运维通道的材质应具备防滑、不易生锈等特质；

（3）运维通道增设安全带卡扣（参考图例 2.3.4.2）。

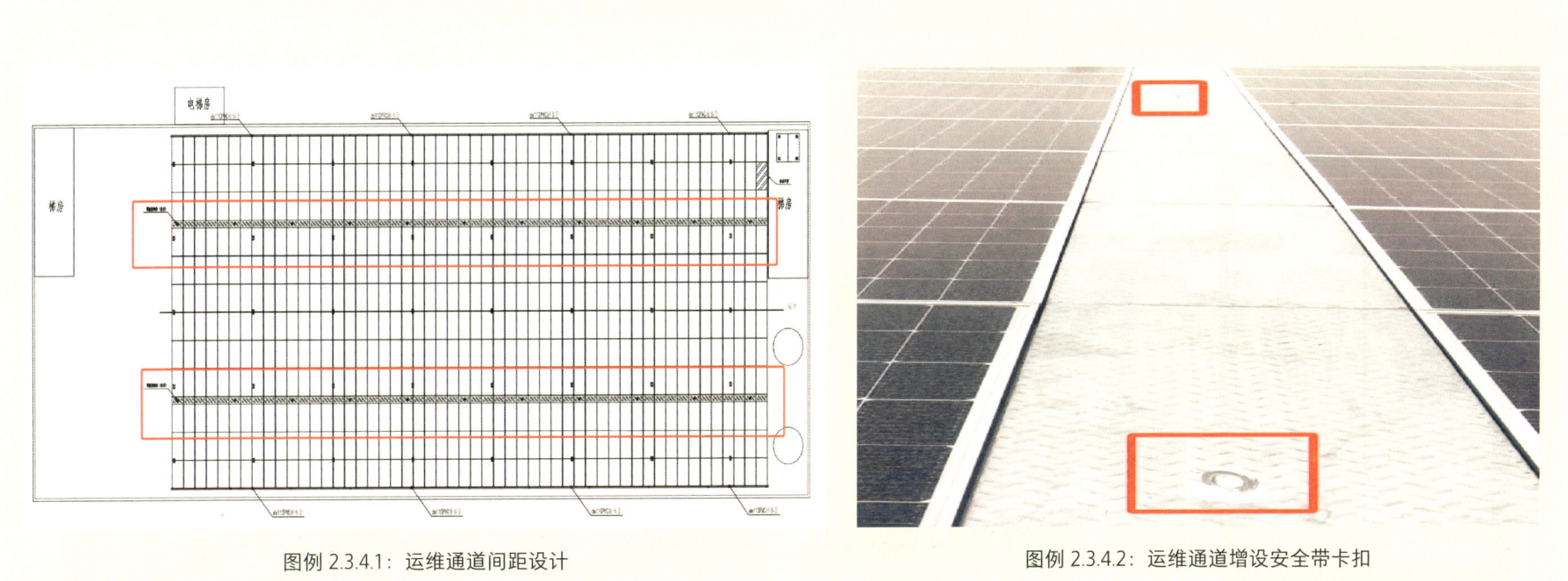

图例 2.3.4.1：运维通道间距设计　　　　　　　　　图例 2.3.4.2：运维通道增设安全带卡扣

第四节 并网柜设计

一、并网柜整体结构设计

光伏并网柜的作用是将光伏发电系统产生的直流电转换为与电网电压同幅、同频、同相的交流电，并实现与电网的连接，向电网输送电能。并网柜整体结构一般要求如下：

（1）框架开关选型一般为 GGD 型，光伏容量较大，输出电流超过 630A，总开关一般应采用框架式断路器（参考图例 2.4.1.1）。

（2）并网柜进出线方式应根据原电房进出方式进行设计。当采用上进线时，为保护电缆需增设柜顶保护箱进行电缆的接入及保护（参考图例 2.4.1.2）。

（3）计量室应留有足够宽度用以安装计量互感器支撑架，以用来固定供电提供的计量互感器（参考图例 2.4.1.3）。

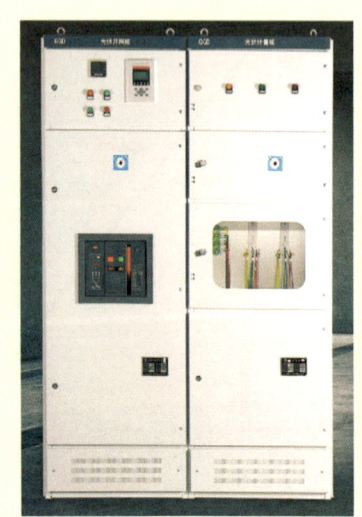

图例 2.4.1.1：GGD 型并网柜

图例 2.4.1.2：增设柜顶箱

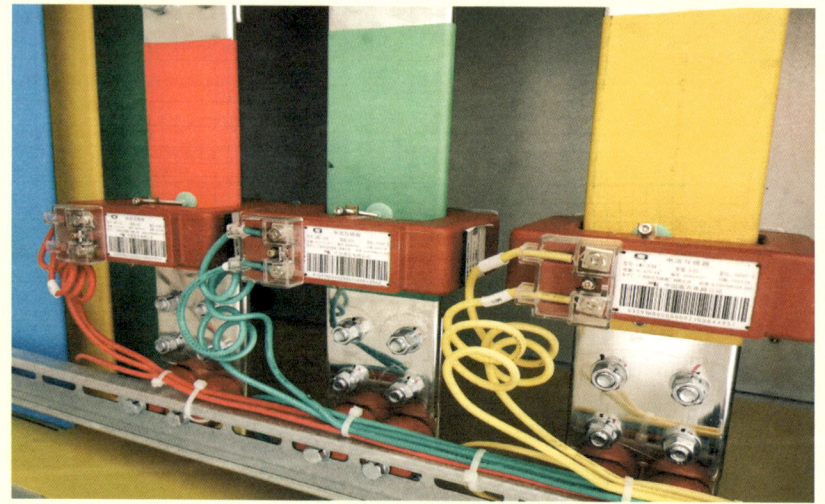

图例 2.4.1.3：计量互感器安装

二、无功补偿装置设计

四象限无功补偿控制器装置是指能够检测光伏发电站无功补偿情况，发出可调节的容性或感性无功功率的成套装置，包括具有无功调节能力的光伏逆变器或静止无功补偿器、静止无功发生器等装置。无功补偿装置设计应注意：

（1）光伏系统的无功功率补偿装置应按电力系统无功补偿就地平衡和便于调整电压的原则配置。

（2）无功补偿装置依据环境条件、设备技术参数及当地的运行经验设计，应考虑维护和检修方便（参考图例2.4.2.1）。

（3）依据《光伏发电站设计规范》GB 50797 规定，无功补偿装置设备型式应选用成套设备，并应考虑维护和检修方便（参考图例2.4.2.2）。

（4）用电客户接入了光伏系统后，可能出现功率因数不达标的问题，原用户低压配电柜中常规电容无功补偿器更换为四象限无功补偿控制器（参考图例2.4.2.3）。

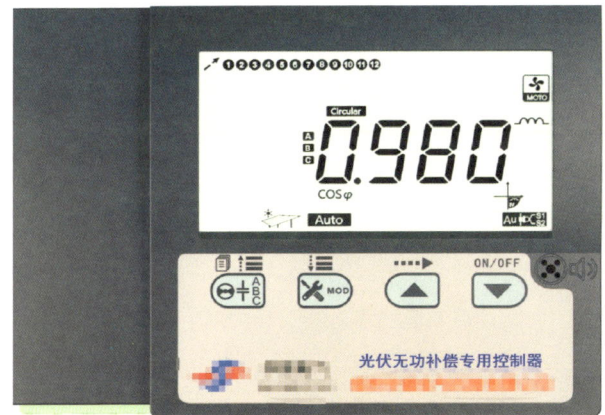
图例 2.4.2.1：运维通道间距设计

图例 2.4.2.2：无功补偿装置

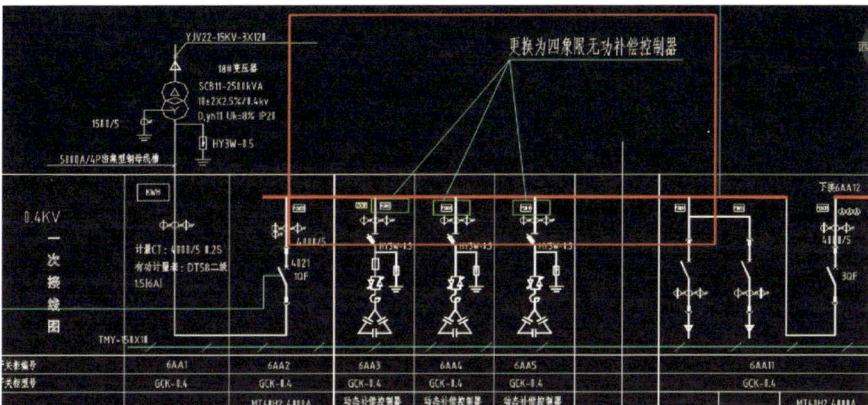
图例 2.4.2.3：设计图纸上明确更换为四象限无功补偿控制器

三、并网计量柜中总开关设计

光伏并网计量柜是一种电气设备（参考图例：2.4.3.1），用于光伏发电系统中电能的计量和监测，在安装光伏并网计量柜时，需要根据具体情况选择是否安排框架开关和漏保。其中并网计量柜中总开关设计要求带市电重分合功能要求，《10kV 及以下业扩受电工程典型设计图集（2018版）》要求如下：分布式光伏发电 380/220V 电压等级接入公共电网时，并网点和公共连接点的断路器应具备短路瞬时、长延时保护功能和分励脱扣、失压跳闸及低压闭锁重合闸等功能（参考图例：2.4.3.2）。

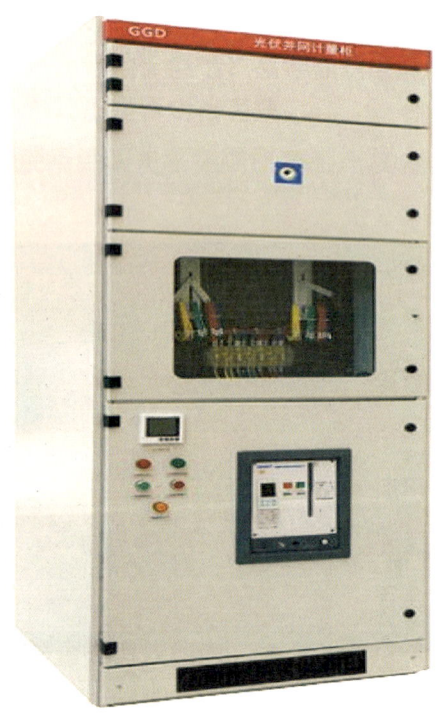

图例 2.4.3.1：并网计量柜

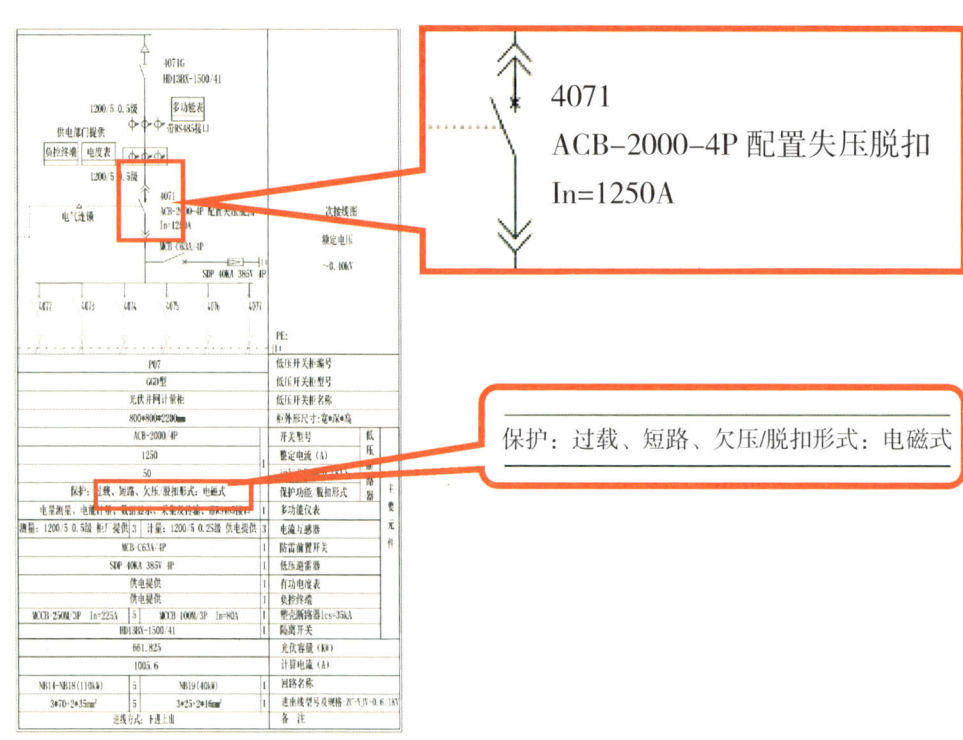

图例 2.4.3.2：并网计量柜规范设计

四、光伏组串容量与逆变器容量配比设计

《光伏发电站设计规范（征求意见稿）》中要求：光伏发电系统中，光伏方阵与逆变器之间的容量配比应综合考虑光伏方阵的安装类型、场地条件、太阳能资源、各项损耗等因素，经技术经济比较后确定。针对不同的地区，规定Ⅰ、Ⅱ、Ⅲ类太阳能资源地区的容配比分别不宜超过1.2∶1、1.4∶1和1.8∶1。在综合分析弃光率及投入产出比后，得出结论：在绝大多数光资源一类地区及二类以下地区，光伏组件∶逆变器=1.1∶1是一个最佳比例（参考图例2.4.1.1），如果大于这个比例（参考图例2.4.1.2），最终会造成溢出发电功率，导致投资效益损失。

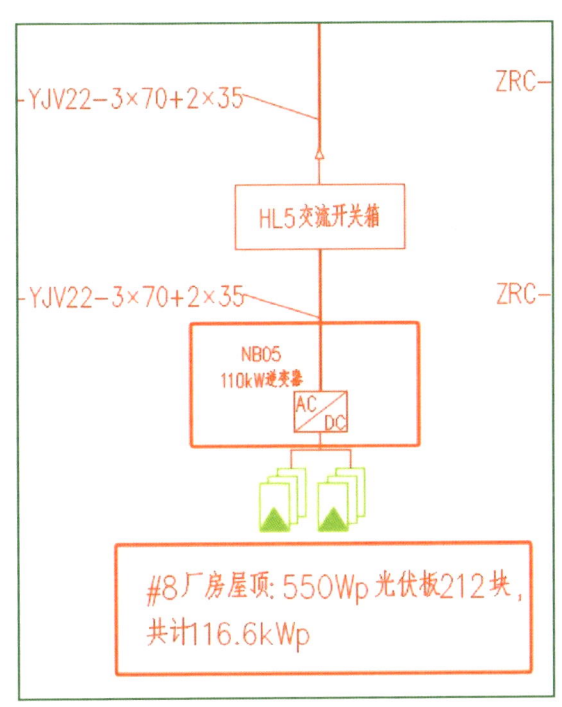
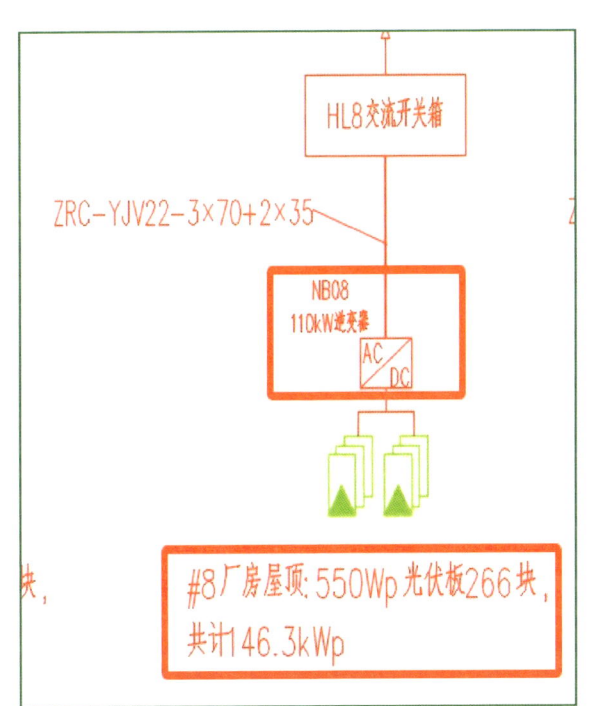

图例2.4.1.1：最佳比例（接入的光伏容量116.6kW，可见逆变器110kW最大接121kW）　　图例2.4.1.2：比例过大（接入的光伏容量146.3kW，可见逆变器110kW最大接121kW）

五、设计报装附件注意事项

1. 主要技术参数设计图纸

在进行光伏项目设计报装时,需要提供主要技术参数设计图纸(参考图例:2.4.5.1),明确光伏电池列阵编号、型号、容量及主要技术参数、公用系统主要技术参数。在制定主要技术参数设计图纸时应注意以下事项:

(1)额定容量必须与备案证、合同容量一致。

(2)标注左下角设计说明。

(3)公章与设计单位一致,且必须盖在设计单位落款处。

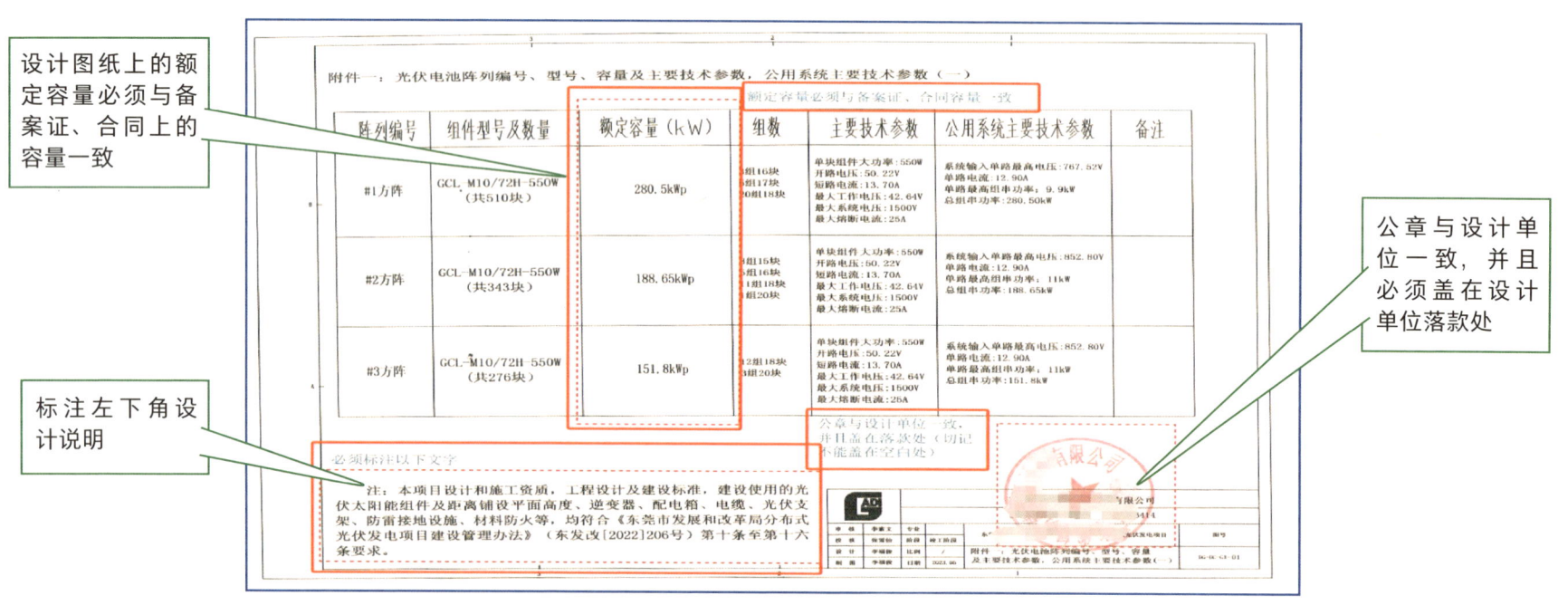

图例 2.4.5.1:主要技术参数设计图纸

2．光伏系统阵列地理分布图

在进行光伏项目设计报装时，需要提供光伏系统阵列地理分布图（参考图例：2.4.5.2），在制定光伏系统阵列地理分布图时应注意以下事项：

（1）平面图示光伏板安装高度，且高度需要符合《东莞市发展和改革局分布式光伏发电项目建设管理办法》的第十五条要求。

注：【第十五条 光伏项目建设采用的光伏支架要采用防腐防锈材质，材质符合《太阳能光伏系统支架通用技术要求 JG/T 490》，光伏支架风力荷载与重力荷载等级符合国家钢结构工程施工质量验收规范（GB 50205），平面屋顶项目光伏组件最高点距离铺设平面的高度不得高于 2.8 米，具有楼梯间的居民楼项目光伏组件不高于楼梯间屋面 1 米（最高点应不高于顶屋屋面 4 米），并且四周均不得围蔽形成建筑使用空间。】

（2）标注左下角设计说明后，标注建设地点 k 码。

（3）公章与设计单位一致，且必须盖在设计单位落款处。

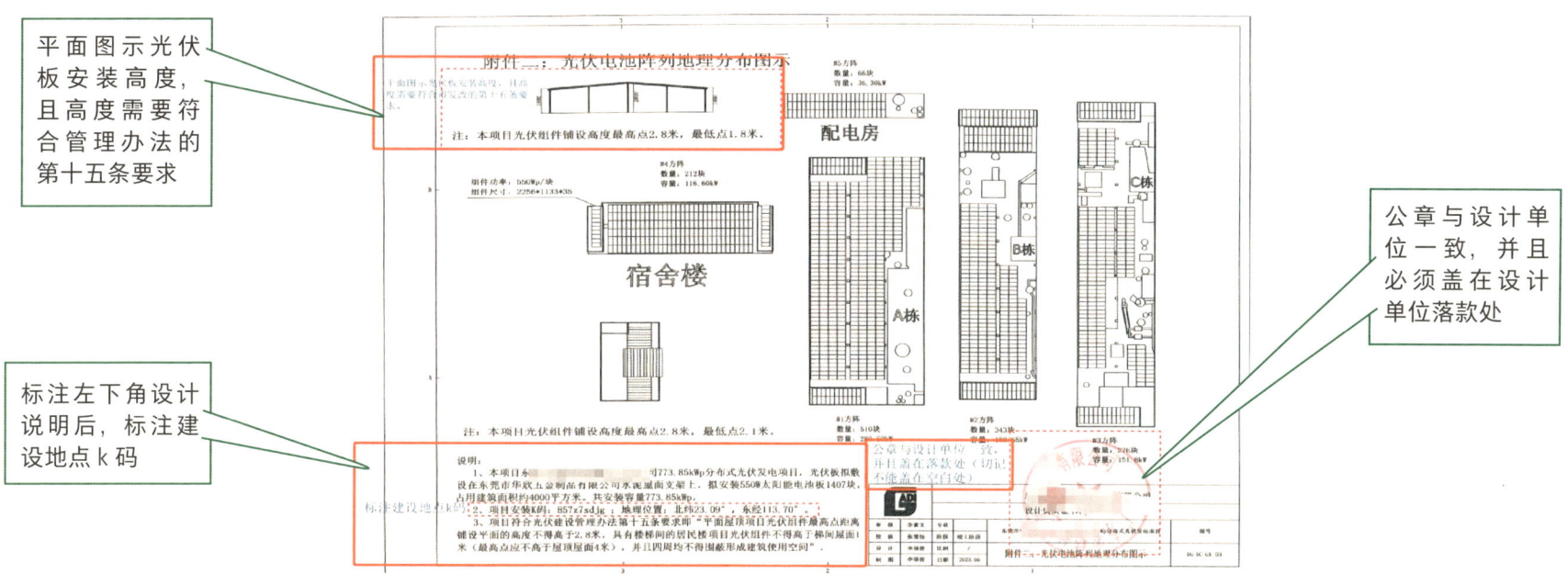

图例 2.4.5.2：光伏系统阵列地理分布图

3．光伏发电主接线图：

在进行光伏项目设计报装时，需要提供光伏发电主接线图及计量点图示（参考图例：2.4.5.3），在制定光伏系统阵列地理分布图时应注意以下事项：

（1）标注变压器容量，变压器性质（用户专变）。

（2）红色标注光伏并网点。

（3）红色标注光伏上网计量点。

（4）红色标注光伏发电计量点。

（5）公章与设计单位一致（盖在设计单位处）。

（6）标注左下角设计说明。

（7）在图纸上标注右开关分合闸状态。

（8）并网柜总开关必须做好电气联锁标线。

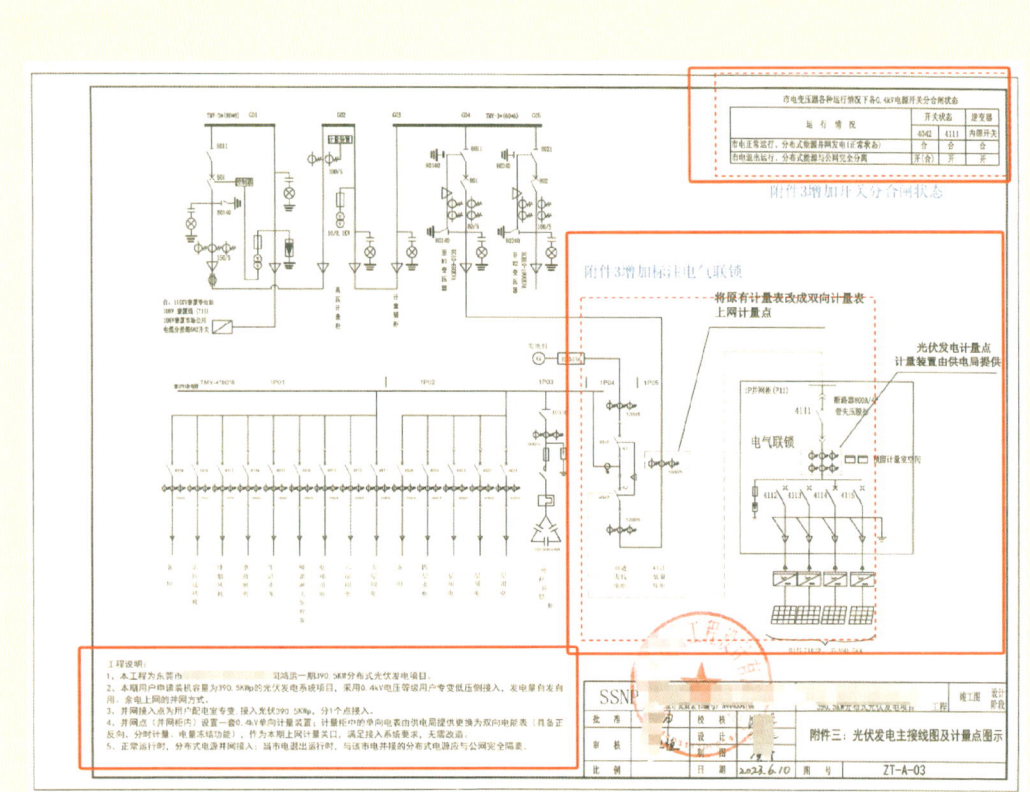

图例 2.4.5.3：光伏发电主接线图及计量点图示

第三章
光伏项目施工典型问题

第一节 水泥墩质量管控

1. 水泥墩混凝土外观质量管控是保证结构强度和耐久性的重要环节，涉及对混凝土材料、施工工艺和验收标准的全面掌握和实施。水泥墩混凝土外观质量管控要点如下：

（1）水泥墩混凝土标号按设计要求，一般不少于C25；

（2）水泥墩表面应平整光滑、无裂缝、无毛躁、无明显划痕等缺陷；表面颜色均匀，无色差，无漏涂、鼓泡等现象（参考图例3.1.1.1、3.1.1.2）；

（3）水泥墩尺寸应符合设计要求，误差不大于±5mm；

（4）基础划线中心线距离偏差±3mm。

2. U形螺栓通过嵌入混凝土基础中，与基础形成牢固的连接，从而能够将光伏设备的重量和振动传递到基础上，防止其因外力作用而晃动、倒塌或损坏。在安装过程中，应特别注意：

（1）U形螺栓居中，偏差不大于±10mm（参考图例3.1.1.3）。

（2）露出水泥面地脚螺栓与水泥墩平面垂直，螺母紧固后螺栓外露4—5扣。

图例3.1.1.1：质量合格的水泥墩

图例3.1.1.2：不合格的水泥墩（表面破损且有沙眼）

图例3.1.1.3：不合格的U形螺栓固定（U形螺栓没有固定在中心）

第二节　钢结构安装管控

一、钢结构焊接质量管控

焊接技术作为钢结构施工中的核心技术，其施工质量直接影响到整个工程的安全性和稳定性。在钢结构焊接过程中，应满足以下工艺标准：

（1）焊剂已受潮或结块时禁止使用，焊丝和电渣焊的熔化或非熔化导管表面以及栓钉焊接端面应无油污、锈蚀。

（2）定位焊缝厚度不应小于3mm，长度不应小于40mm，其间距宜为300～600mm。

（3）焊条电弧焊单道焊最大焊缝尺寸参考图例3.2.1.1所示。

（4）平焊时，应分层焊接，每层熔渣冷却凝固后必须清除再重新焊接；立焊和仰焊时，每道焊缝焊完后，应待熔渣冷却，再清除焊渣进行后续施焊（参考图例3.2.1.2、3.2.1.3）。

（5）在调质钢上禁止采用塞焊和槽焊焊缝。

（6）多层焊时应连续施焊，每一焊道焊接完成后应及时清理焊渣及表面飞溅物。

焊道类型	焊接位置	焊缝类型	焊接方法		
			焊条电弧焊	气体保护焊和药芯焊丝自保护焊	单丝埋弧焊
根部焊道最大厚度	平焊	全部	10mm	10mm	-
	横焊		8mm	8mm	-
	立焊		12mm	12mm	-
	仰焊		8mm	8mm	-
填充焊道最大厚度	全部	全部	5mm	6mm	6mm
单道角焊缝最大焊脚尺寸	平焊	角焊缝	10mm	12mm	12mm
	横焊		8mm	10mm	8mm
	立焊		12mm	12mm	-
	仰焊		8mm	8mm	-

图例3.2.1.1：最大焊缝尺寸表

图例3.2.1.2：合格的焊接

图例3.2.1.3：合格的焊接

二、钢结构防水防锈工艺质量管控

钢结构防水防锈是钢结构使用过程中非常重要的一步，通过合适的表面处理、涂装和防水层施工可以有效地提高钢结构的耐腐蚀能力和使用寿命，一般要求如下：

（1）为防止立柱长期受高温暴晒、雨水浸泡、酸雨侵蚀而导致棚架失去支撑，建设过程中应对立柱采取防锈及包封措施（参考图例 3.2.2.1、3.2.2.2）。

（2）立柱防锈一般使用防腐防锈涂层，有效隔离水分和空气，防止钢材的进一步腐蚀。防腐防锈涂层一般使用油漆、矿物油或废机油等（参考图例 3.2.2.2）。

（3）立柱包封一般采用 C15 混凝土进行包封，包封层厚不小于 50mm（参考图例 3.2.2.2）。

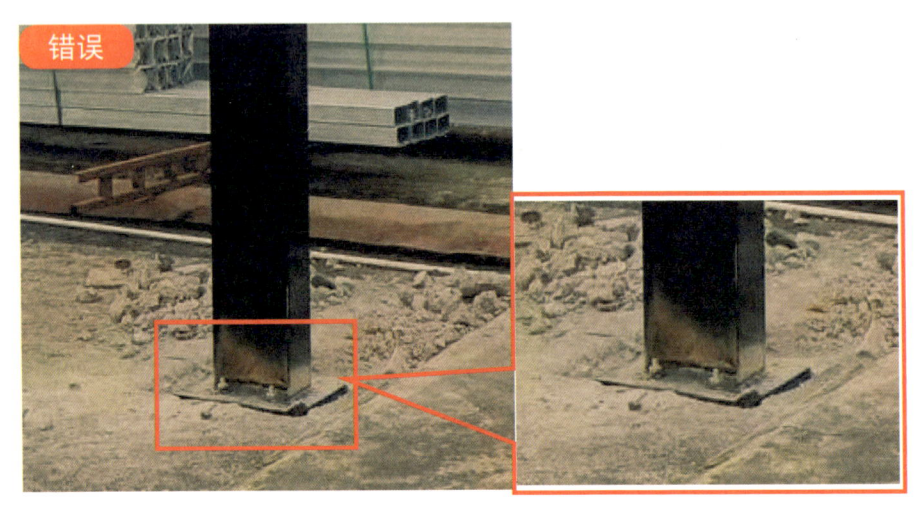

图例 3.2.2.1：不合格的钢结构立柱防水、防锈、防腐处理

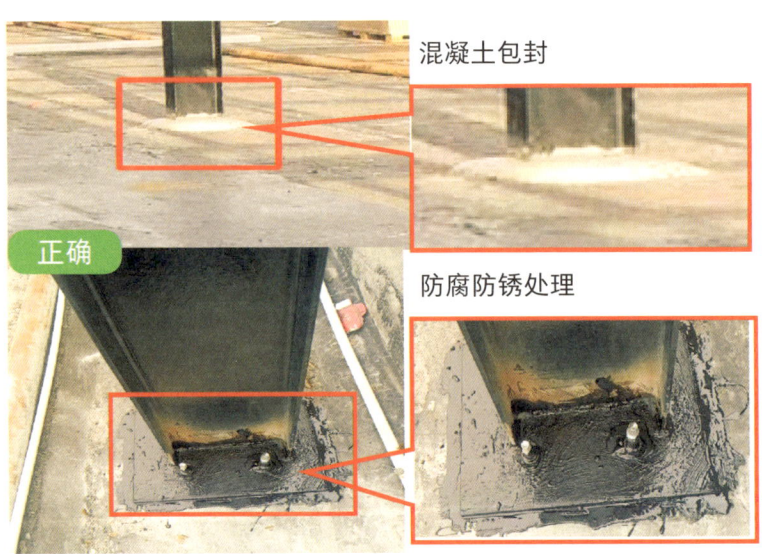

图例 3.2.2.2：合格的钢结构立柱防水、防锈、防腐处理

三、钢结构除锈刷漆工艺质量管控

钢结构除锈刷漆是工业防腐的重要措施，可提高其使用寿命和安全性，工艺标准要求如下：

（1）刷漆前，表面应清洁干燥，无尘、油污和其他杂质。表面缺陷如焊缝、毛刺、划痕等应清除干净。

（2）底层（防锈漆）涂刷均匀无透底、漏刷，防锈漆涂刷厚度不小于 125μm。

（3）漆层外观色调均匀一致，无透底、漏喷、缺涂、滴流、浮膜、漆粒及明显刷痕现象（参考图例 3.2.3.1、3.2.3.2）。

图例 3.2.3.1：不合格的钢结构除锈刷漆　　　　　　　图例 3.2.3.2：合格的钢结构除锈刷漆

四、钢柱脚地脚螺栓质量管控

钢柱脚地脚螺栓作为一种重要的连接件，发挥着至关重要的作用。在钢结构和混凝土结构的连接过程中，合理选用和正确安装钢柱脚地脚螺栓，可以有效地提高结构的强度和稳定性，保证工程质量和安全。正确安装钢柱脚地脚螺栓应注意：

（1）地脚螺栓的选择：结构支柱地脚螺栓应使用化学锚栓固定（参考图例3.2.4.1）。

（2）钻孔：根据化学锚栓规格对应钻孔的直径与深度（参考图例3.2.4.2）。

（3）清孔：使用化学锚栓固定前，要对孔洞孔壁进行清理，清理孔壁要使用硬毛刷疏通，再用干净的压缩空气机清除灰尘，如此反复进行不少于三次，并且确保化学锚栓表面干净、干燥，确保化学药剂管没有破损，没有药剂凝固等异常现象。

（4）安装：安装化学锚栓时，应调节电锤或电钻及专用安装工具到慢速挡位（不大于750转/分钟），将螺杆旋转插入至孔底，以达到击碎玻璃管并强力混合锚固药剂的目的。

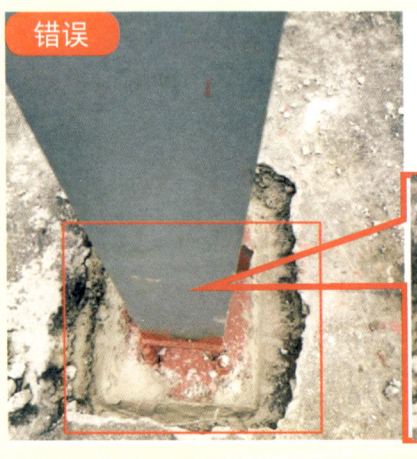

图例3.2.4.1：不合格的钢柱脚地脚螺栓安装

图例3.2.4.2：化学锚栓规格对应钻孔的直径与深度

胶管螺栓配套安装与设计参数表

化学胶管型号	螺杆型号	钻孔直径 o(mm)	钻孔深度 hef(mm)	最大锚固厚度 tfix(mm)	最小基材厚度 tmin(mm)
HYJ8	M8×110	10	80	15	120
HYJ10	M10×130	12	90	20	130
HYJ12	M12×160	14	110	25	150
HYJ14	M14×175	16	120	25	160
HYJ16	M16×190	18	125	35	170
HYJ18	M18×230	20	145	35	190
HYJ20	M20×260	24	170	65	220
HYJ24	M24×300	28	210	65	270
HYJ30	M30×380	35	280	70	350

（5）静止硬化：化学锚栓安装后，应根据施工现场环境温度等待足够时间直至硬化，确保化学锚栓达到设计的拉力（参考图例 3.2.4.3）。

（6）拉拔试验：在化学锚栓静止硬化后，应在项目管理人员的见证下开展螺栓拉拔测试及拉拔破坏测试，其中拉拔测试值为设计拉力的 2 倍；拉拔破坏测试要做好测试数值记录。（参考图例 3.2.4.4、3.2.4.5）

（7）包封防水：完成化学螺栓安装后，应对支柱、底座及地脚螺栓做好防腐措施，然后使用 C15 混凝土进行浇筑包封及防水处理（参考图例 3.2.4.6）。

温度	时间
25℃～30℃	15 分钟
20℃～25℃	20 分钟
15℃～20℃	35 分钟
10℃～15℃	45 分钟
5℃～10℃	1 小时
0℃～5℃	2 小时
−5℃～0℃	5 小时

图例 3.2.4.3：现场温度与静止硬化时间

图例 3.2.4.4：化学锚栓拉拔测试

图例 3.2.4.5：管理方见证化学锚栓拉拔测试

使用化学螺栓进行良好的浇筑及防水处理

图例 3.2.4.6：合格的钢柱脚地脚螺栓安装

五、C 型钢和 H 型钢连接质量管控

H 型钢和 C 型钢是常用的钢结构构件，在实际使用中需要对它们进行连接，以保证整个结构的稳定性和安全性。连接方式可以采用焊接、螺栓连接等多种方式（参考图例：3.2.5.1、3.2.5.2）：

（1）柱面偏差要求为 2.0 mm 内，柱间间距允许偏差为 ±4 mm。

（2）钢构立柱固定后需对立柱基础进行全面的防水措施，且通过照片及视频形式反馈。布置防水措施的区域需为立柱基础面积的 1.3 倍以上，防水基础面须做成水泥墩。

（3）钢结构需涂防锈漆及面漆，油漆膜厚度应大于 100μm。

图例 3.2.5.1：正确的连接

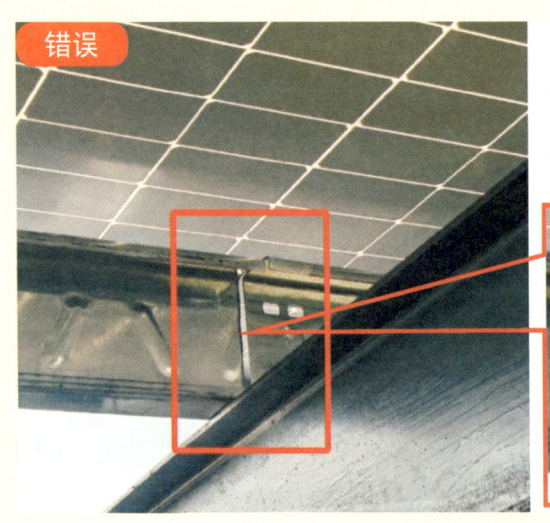

两种钢结构之间无钢板固定，螺栓数量过少，结构不稳定

图例 3.2.5.2：错误的连接

六、钢结构防水质量管控

钢结构建筑在现代建筑中扮演着重要的角色,然而,由于其自身特性和材料属性,钢结构常常需要特别的防水设计来确保其稳定性和使用寿命。根据《光伏发电站施工规范》GB 50794 规定:采用钢结构作为支架基础时,屋面防水工程施工应在钢结构支架施工前结束,钢结构支架施工过程中不应破坏屋面防水层。

(1)涵盖范围:防水设计需要全面考虑所有潜在的水源,包括外部水的防护,内部渗水的问题,例如管道泄漏等。

(2)防水处理:在钢结构防水设计中,选择合适的防水材料至关重要。常见的防水材料有防水涂料、沥青防水卷材、聚合物防水涂层等。在选择材料时,需要综合考虑其耐久性、抗酸碱性、渗透性等性能,并在完成防水涂层后需要进行 48 小时的闭水试验(参考图例:3.2.6.1)。

(3)施工工艺:钢结构防水的施工人员应具备一定的专业技能和经验,确保涂层、涂料的施工均匀,卷材、胶水的粘接牢固等。

(4)排水系统:排水系统是钢结构防水设计中不可或缺的要素。它应能够有效排除积水,并确保排水通畅。排水系统的设计需要综合考虑建筑周围环境、坡度、下水道等因素(参考图例:3.2.6.2)。

(5)管理和维护:防水设计并非一次性任务,应定期检查和保养,及时修复漏水问题,这样才能有效延长钢结构的使用寿命。

图例 3.2.6.1:钢支柱防水涂层

图例 3.2.6.2:钢支柱包封排水

第三节　线槽（桥架）选购与布置质量管控

一、电缆线槽的选购要求

光伏电缆线槽主要用于对电缆进行保护、整齐管理和美观装饰。线槽的使用可以让电缆更加安全可靠，减少电缆的损坏和断裂，同时也能够更好地保持电缆的排列整齐，避免电缆掉落或交错引起的电气故障，从而提高线路的可靠性和稳定性，是光伏发电系统中的重要组成部分。因此，光伏电缆线槽的质量直接影响着太阳能发电系统的性能和寿命，电缆线槽选购时应注意：

（1）材质与防腐：光伏电缆线槽通常使用热镀锌、铝合金或不锈钢材质，以提供良好的防腐性能。特别是在邻近海边或属于腐蚀区的地方，材质需要具有防腐、耐潮气、附着力好、耐冲击强度高的特性，避免选购热浸锌材质（参考图例 3.3.1.1、3.3.1.2）。

（2）线槽强度：线槽强度需满足设计要求。

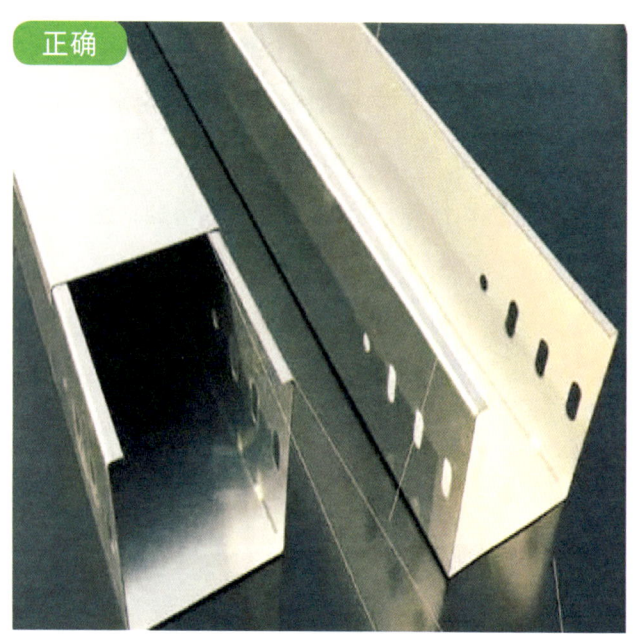

图例 3.3.1.1：质量合格的线槽

图例 3.3.1.2：质量不合格的线槽

二、电缆线槽的线路布置

电缆线槽在线路布置时应注意：

（1）所有金属构件均需做热镀锌处理，焊接处等需做好防腐防锈处理，处理方法应满足相关规程规范要求（参考图例 3.3.2.1）。

（2）电缆桥架的镀锌层厚度不得小于 65μm（参考图例 3.3.2.1）。

（3）每段桥架间采用 BVR-1x6mm2 铜线连接，桥架每隔 25m 采用 BVR-1x16mm2 铜芯接地线与主接地网可靠连接（参考图例 3.3.2.2、3.3.2.3）。

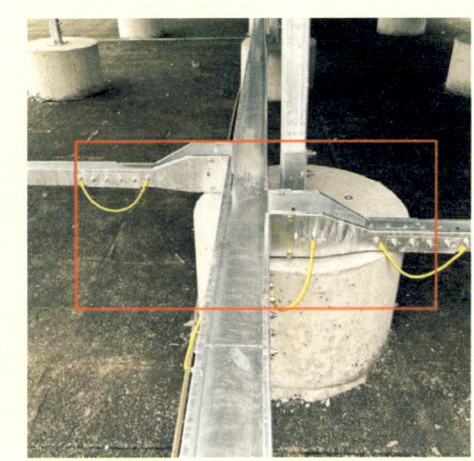 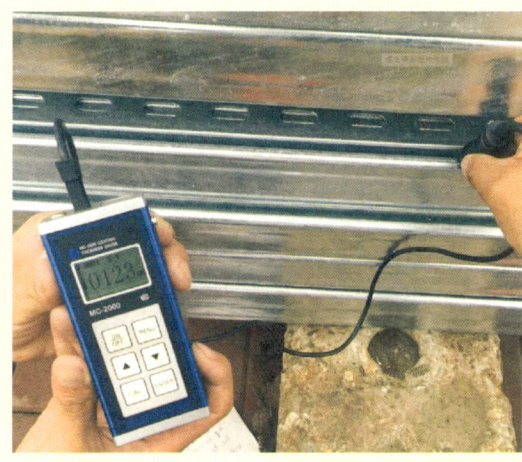

图例 3.3.2.1：质量合格的线槽

图例 3.3.2.2：正确的接地连接　　图例 3.3.2.3：错误的接地连接

（4）线槽内螺丝钉及时打磨平滑、流畅（参考图例 3.3.2.4、3.3.2.5）。

（5）交流电缆线槽转角处应做好打磨措施或者是使用胶垫包裹，防止破坏交流电缆绝缘层（参考图例 3.3.2.6），交流电缆与直流电缆须独立分槽敷设（参考图例 3.3.2.7）。

（6）线槽敷设时，线槽离地高度不小于 500mm；直角拐弯时，最小弯曲半径不小于槽内最大电缆外径的 15 倍；线槽内敷设电缆容积比不大于 60%。

图例 3.3.2.6：线槽转角处做好打磨

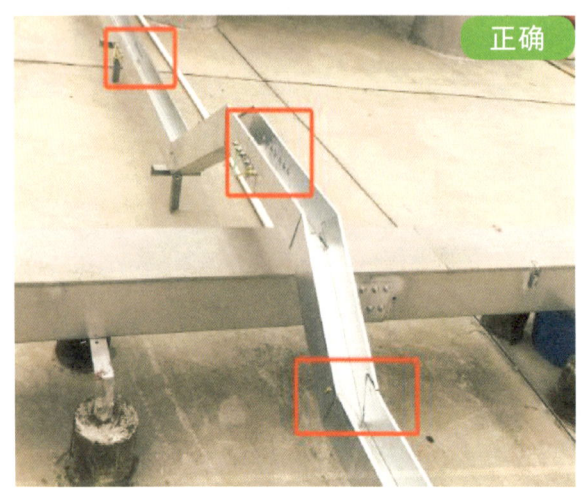

图例 3.3.2.4：线槽内螺丝钉打磨平滑

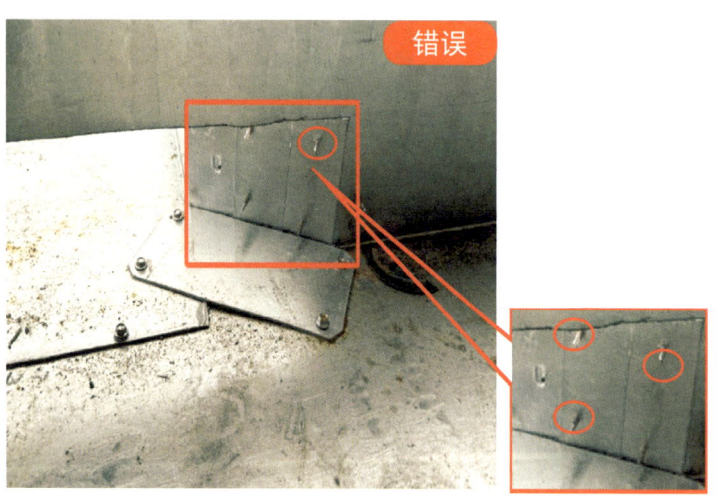

图例 3.3.2.5：线槽内螺丝钉未打磨

图例 3.3.2.7：交流电缆与直流电缆独立分槽敷设

（7）线槽沿途路径应按要求的距离，在盖板面标注光伏交流、直流线路及电流方向（参考图例 3.3.2.8）。

（8）线槽盖板应采用适当固定措施，使盖板完全贴合线槽（参考图例 3.3.2.9、3.3.2.10）。

图例 3.3.2.8：盖板面标注交流、直流线路及电流方向

图例 3.3.2.9：盖板完全贴合线槽

图例 3.3.2.10：盖板未压紧

三、电缆支架布置

电缆支架的布置对于电缆的使用寿命和可靠性有着非常重要的影响。正确的电缆布置方式可以保障电缆的使用效果，减少故障的发生，提高电缆的使用寿命。

（1）多层布置电缆支架时，电缆支架的层间允许最小距离值要满足相应要求（参考图例 3.3.3.1）。

（2）水平布置电缆架高低误差≤5mm；垂直布置电缆架左右误差≤5mm；在有坡度的电缆沟内或建筑物上，电缆架与电缆沟或建筑物同坡度布置（参考图例 3.3.3.2、3.3.3.3）。

（3）电缆支架必须固定牢固。

（4）电缆架全长接地牢固，全长导通良好。

图例 3.3.3.2：正确的电缆架高低误差

表 5.2.2　电缆支架的层间允许最小距离值

电缆电压级和类型、敷设特征		普通支架、吊架(mm)	桥架(mm)
控制电缆明敷		120	200
电力电缆明敷	6kV 以下	150	250
	6kV～10kV 交联聚乙烯	200	300
	20kV～35kV 单芯	250	300
	20kV～35kV 三芯 66kV～220kV，每层 1 根及以上	300	350
	330kV、500kV	350	400
电缆敷设于槽盒中		h+80	h+100

注：h 表示槽盒外壳高度。

图例 3.3.3.1：电缆支架的层间允许最小距离值

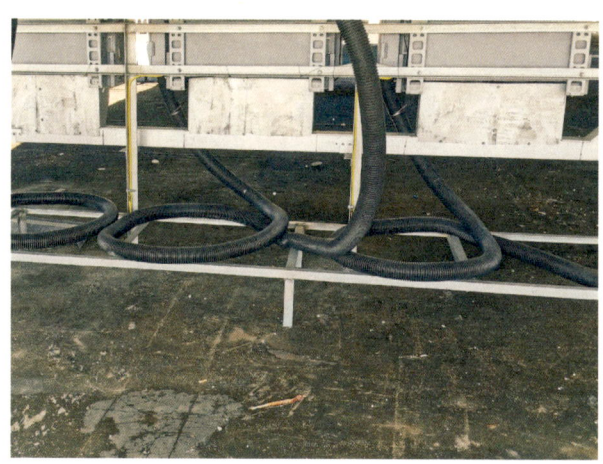

图例 3.3.3.3：正确的电缆架高低误差

第四节　电缆选购与敷设质量管控

一、电缆的选购要求

分布式光伏系统中，交流线缆主要用于逆变器交流侧至交流汇流箱或交流并网柜，室外安装部分的交流线缆需考虑防潮、防晒、防寒、防紫外等特性，一般选用 YJV 型电缆；室内安装的交流线缆需考虑防火和防鼠防蚁，选购时应注意：

（1）低压交联电缆 0.6/1kV(阻型)ZC-YJV 表示不带铠装（参考图例：3.4.1.1、3.4.1.2），电缆能承受一定的敷设牵引，但不能承受机械外力作用的场合以及地埋线路；对于线径超过 185 平方毫米以上，敷设弯度难度大，容易造成电缆绝缘层破损短路风险。

（2）低压交联电缆 0.6/1kV(阻型)ZC-YJV22 表示钢带铠装（参考图例：3.4.1.3），电缆能承受一定的敷设牵引，能承受机械外力作用以及地埋线路的场合。

（3）电缆的耐压值要大于系统的最高电压，例如，对于 380V 输出的交流电缆，应选择 450/750V 的电缆。

（4）电缆的额定电流选择应处于计算所得电缆中最大连续电流的 1.25 倍到 1.5 倍之间，具体取决于电缆的用途。

（5）考虑电缆的载流量受温度的影响，温度越高，载流量越少，因此电缆应尽量安装在通风散热的地方。

（6）电压降不应超过 2%，以避免影响系统的正常运行。

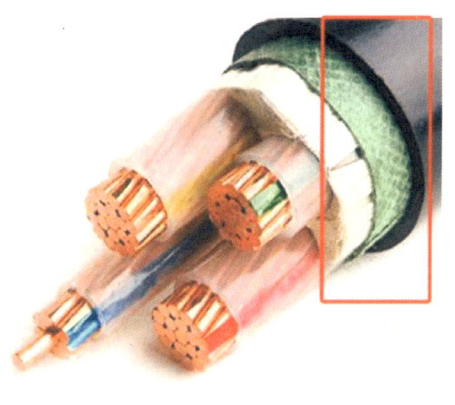

图例 3.4.1.1：无铠装电缆（ZC-YJV）

图例 3.4.1.2：YJV 单芯双塑绝缘电缆

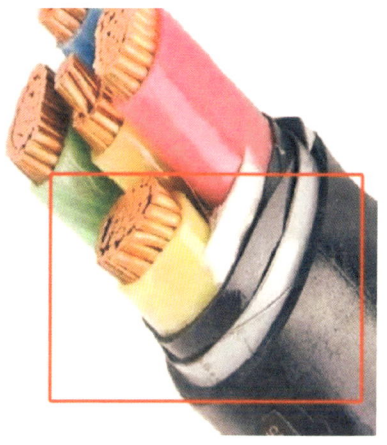

图例 3.4.1.3：带铠装电缆（ZC-YJV22）

二、交流电缆敷设质量管控

电缆敷设质量的好坏对光伏项目今后的安全可靠运行起到直观重要的作用，在电缆敷设的 3 个阶段中要重点管控：

1. 在敷设交流电缆前的质量管控

（1）应对电缆外观进行检查，确保电缆绝缘层表面无老化现象，无破损或机械损伤（参考图例 3.4.2.1、3.4.2.2）。

（2）应检查电缆的技术文件、合格证，确保证件齐全、正确。

（3）电缆敷设道路畅通，无积水和杂物。

（4）电缆敷设前，应利用摇表对电缆的绝缘电阻值进行检测，确保满足规范要求。

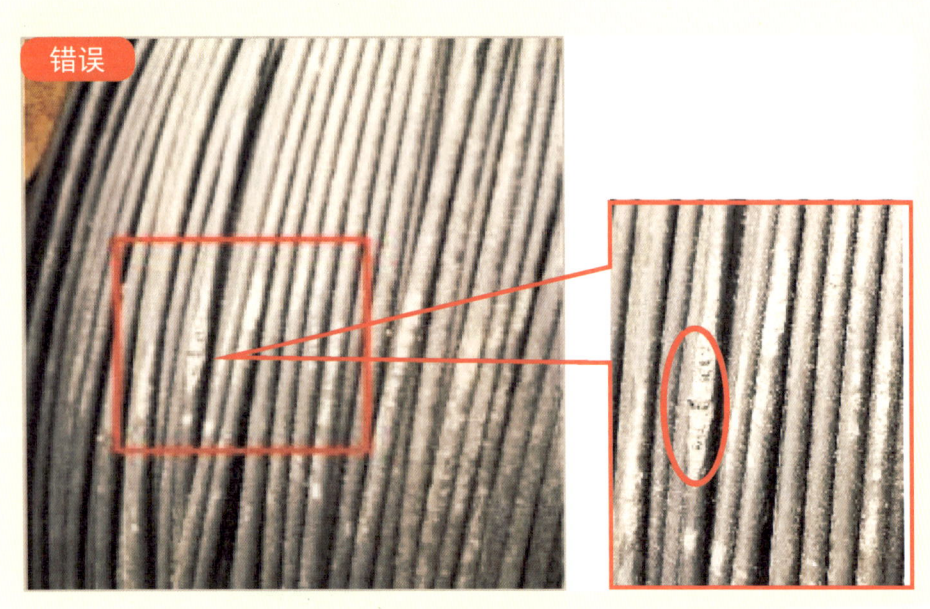

图例 3.4.2.1：电缆绝缘层表面破损

图例 3.4.2.2：合格的电缆

2. 在敷设交流电缆时的质量管控

（1）电缆弯曲半径一般为电缆直径的 15 倍（参考图例 3.4.2.3）。

（2）电缆应与热力管道及设备保持足够安全距离。

（3）电缆排列外观检查，做到排列整齐，弯度统一，少交叉（参考图例 3.4.2.3、3.4.2.4）。

（4）电缆水平敷设，电缆首末两端及转弯、接头两端应可靠固定；电缆垂直敷设，应对电缆每个支持点加以固定；电缆敷设超过 45°时要倾斜敷设，电缆每个支持点要固定（参考图例：3.4.2.3）。

（5）电缆敷设后，电缆孔洞、电缆沟、隧道、竖井、建筑物及盘（柜）的电缆出入口应封闭良好，电缆从外墙进入室内或接入配电柜时要做好防水措施。

3. 电缆敷设后

电缆敷设后要进行外观检查，应无机械损伤，并按规范要求做电气试验。

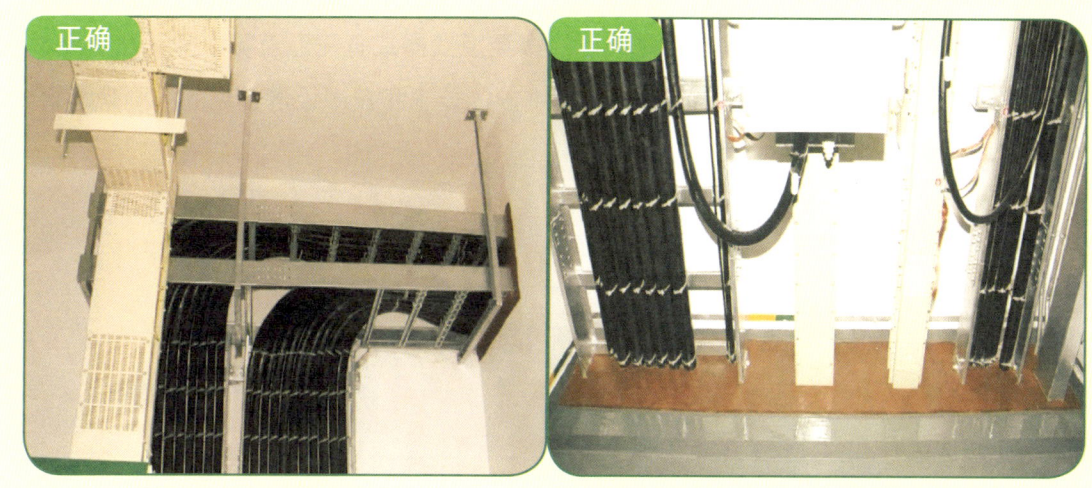

图例 3.4.2.3：规范的电缆敷设

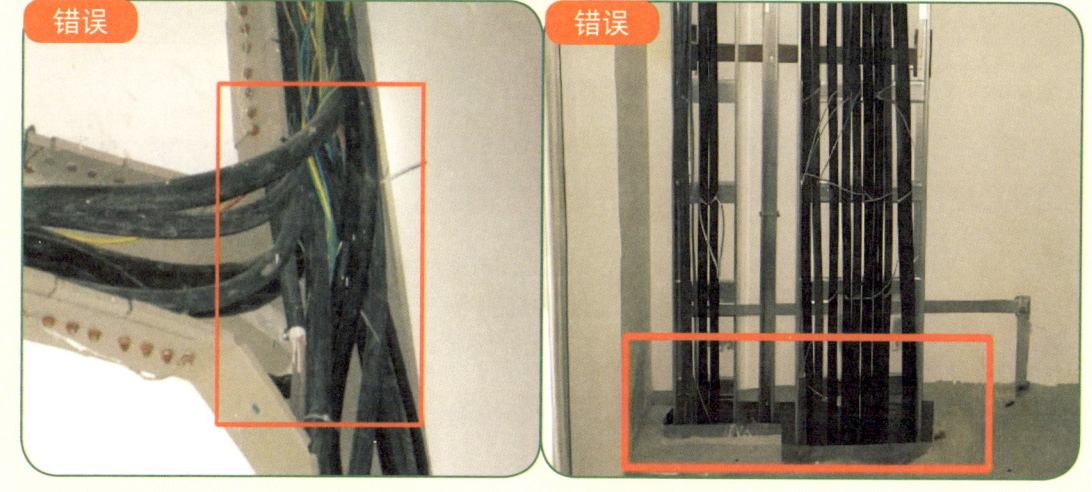

图例 3.4.2.4：错误的电缆敷设

三、光伏直流线敷设质量管控

光伏发电直流电缆用于光伏组件之间、组串至逆变器或直流汇流箱之间，直流电缆在敷设时应根据工程情况、环境条件和电缆规格型号、数量等因素综合考虑，按满足运行可靠、便于维护的要求和技术经济合理的原则来选择敷设方式，遵守《电力工程电缆设计标准》(GB 50217—2018) 的要求，同时要符合以下要求：

1. 电缆 MC4 接头安装（参考图例：3.4.3.1、3.4.3.2）

（1）MC4 连接器绑扎材料优先使用年限较长的材料，且不会对 MC4 连接器和线缆产生损伤。

（2）光伏组件电缆 MC4 接头安装位置应避开光伏组件间隙空间，或采取防水措施，以免淋雨，每串组件连接出线前后应增加组件编码吊牌。

（3）MC4 连接器及线缆绑扎时，公母头正负接头两侧 20mm 范围内线缆禁止弯曲，每个公母头须保证位置独立悬空，须注意公母头不能直接与铝合金导轨或组件边框接触，禁止 MC4 连接器直接绑扎在镀锌支架上。

（4）逆变器处的 MC4 连接器须保证处于悬空位置，间隔距离不低于 20mm。

（5）MC4 接头制作完成后，应立即检查螺扣是否到位，以防雨水渗入造成漏电。

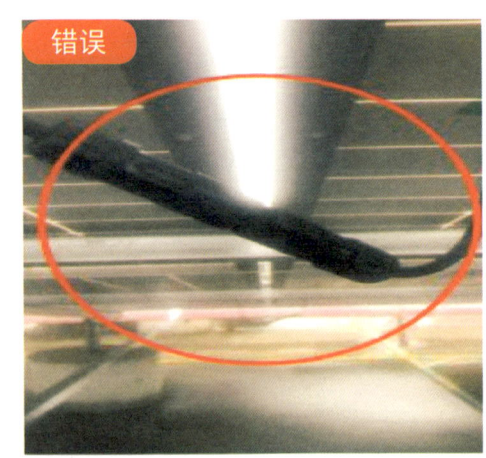 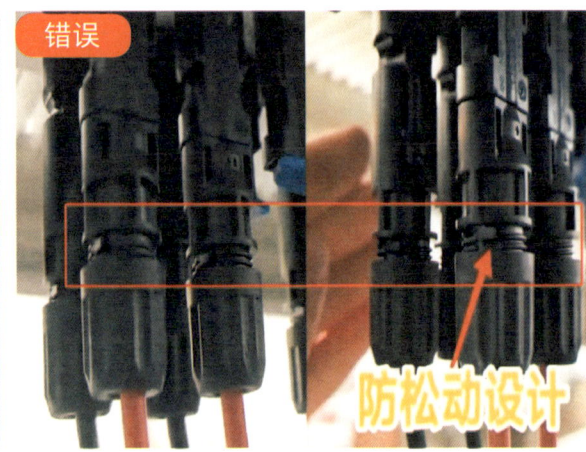

图例 3.4.3.1：MC4 接头安装错误（未避开组件间隙、防松动不到位）

 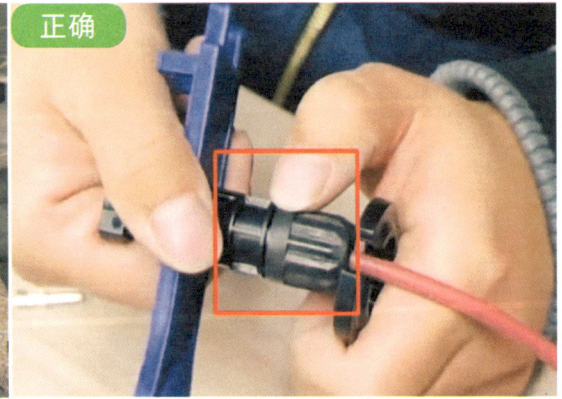

图例 3.4.3.2：MC4 接头正确安装（装设编码吊牌、检查防松动到位）

2. 光伏组件布线接线规范要求（参考图例：3.4.3.3、3.4.3.4）

（1）光伏组件布线接线时，每根直流电缆中间不得有接头，未完成 MC4 连接器安装前，电缆头应采取防潮封堵处理。

（2）根据电气平面图及组串接线图对组件进行组串，在组串过程中不得组串短路，不得多串少串。

（3）所有的组件出线需绑扎整齐。组串出线用电工套管防护，引至地面埋入电缆沟内。

（4）连接件（公母接头）需严格按照技术要求，采用专用工具及与组件配套的连接件，由专业人员操作；保证连接件的质量，以免发生短路火灾事故。

（5）连接件制作前，需根据技术要求，在组串出线电缆两头套上专用的线号管，以标识电缆，便于后期维护。

（6）组串接线时，确保正负对应，严禁正负反接，以免造成短路事故。

（7）组串接线完毕后接入逆变器前，务必使用万用表测量组串极性，极性一致、电压正常，方可接入逆变器。

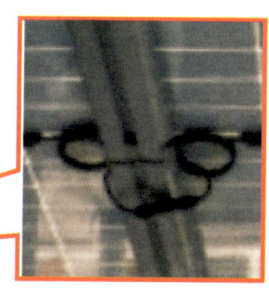

图例 3.4.3.3：MC4 接头正确安装（布置在遮挡下）

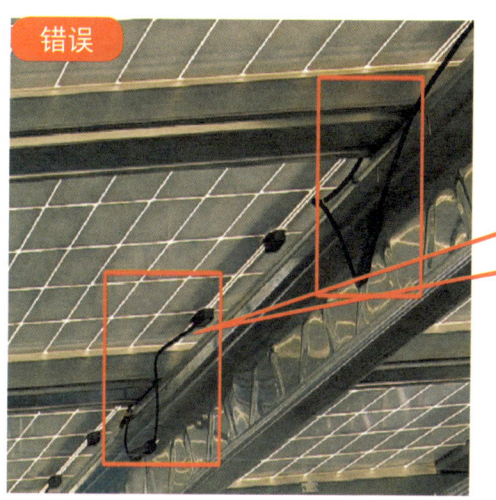

图例 3.4.3.4：电缆随意半吊挂，容易触电

3. 直流电缆敷设质量管控

（1）电缆敷设中，电缆需预留相应的余量，以保证后期维护使用，禁止强拉硬拽，损坏电缆。电缆敷设后电缆不宜张紧受力，防止热胀冷缩造成线缆断裂或受损。

（2）光伏发电直流电缆应敷设在线槽或线管内，直角拐弯时最小弯曲半径不小于槽内最大电缆外径的 15 倍，线槽内敷设电缆容积比不大于 60%（参考图例 3.4.3.5、3.4.3.6、3.4.3.7）。

（3）敷设在线槽里的直流电缆松紧度适中，走线有规律，不能出现打结情况。

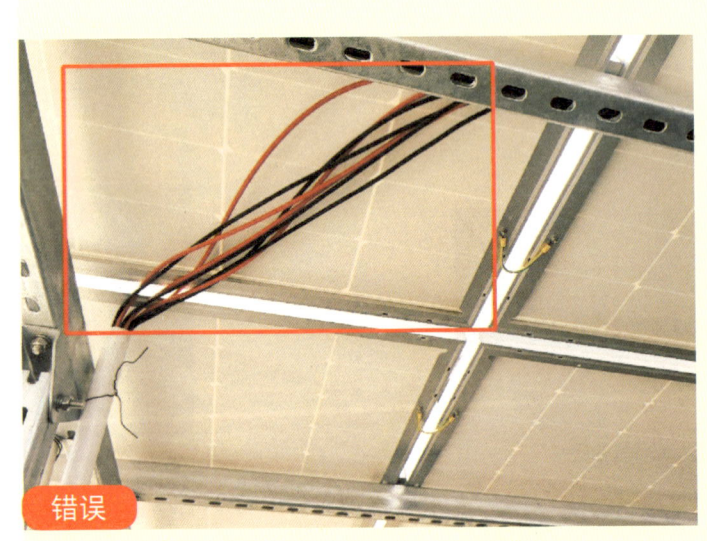

图例 3.4.3.5：直流线未套管

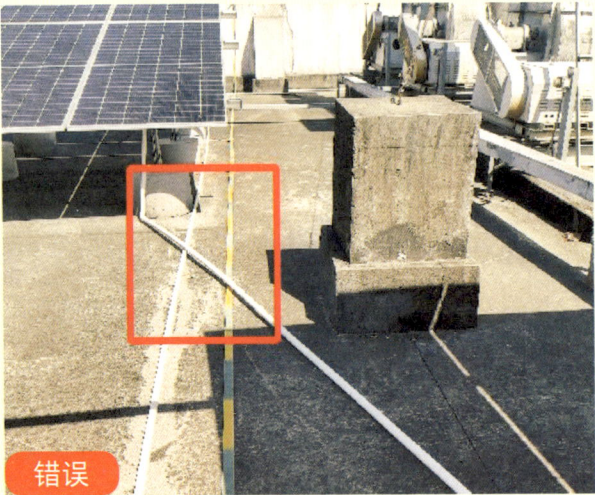

图例 3.4.3.6：电缆套管直接弯折

图例 3.4.3.7：合格的直流线敷设

四、电缆终端制作质量管控

电缆终端制作是光伏建设项目中的一项重要工作,需要严格遵守相关的标准和规范(参考图例:3.4.4.1、3.4.4.2),主要管控如下:

(1)电缆终端制作前,要核对电缆位置、型号、电压及规格,并确保符合设计规定要求。

(2)电缆终端制作前,要检查电缆的外观,确保绝缘层无破损且接绝缘良好。

(3)在电缆两端预留 2~5m 电缆。

(4)电缆要安装电缆套管,保护电缆。电缆从外墙进入室内或接入配电柜时要做好防水措施(参考图 3.4.4.3)。

图例 3.4.4.1:终端线制作混乱

图例 3.4.4.2:电缆终端制作整齐美观

图例 3.4.4.3:电缆终端出现套管

第五节 光伏组件、支架验收与安装

一、光伏组件验收

光伏组件验收指的是到货验收，也就是组件到指定存放位置后的验收测试。验收内容包括外观检查、最大功率测试、EL（电致发光）测试。

1．外观检查

除以下严重外观缺陷外，其他的外观情况是允许的：

（1）破碎、开裂或损伤的外表面（参考图例 3.5.1.1）；

（2）弯曲、不规整的外表面，包括上层、下层、边框和接线盒的不规整以至于影响到组件的运行；

（3）在组件的边缘和任何一部分电路之间形成连续的气泡或脱层通道；

（4）如果机械完整性取决于层压或其他粘合方式，所有气泡面积的总和不应超过组件总面积的 1%；

（5）密封剂、背板、前面板、二极管或活跃的光伏元件存在任何熔化或燃烧过的痕迹；

（6）丧失机械完整性，导致组件的安装和工作都受到影响；

（7）某个电池的一条裂纹，其延伸可能导致组件减少该电池面积 10% 以上；

（8）在组件内任何有效电路层存在空隙或可见腐蚀，延伸面积超过 10% 的任何电池片；

（9）破碎的互联条、接头或端子；

（10）任何带电部件发生短路或外露；

（11）组件标识、标签（国家安全标志、制造厂名、型号、批号和生产日期）脱落或字迹不可读的。

图例 3.5.1.1：破损、开裂的光伏组件

2. 最大功率测试

应规定对光伏组件到货检验最大功率测量值的偏差要求，一般情况下，功率测试偏差要求选择以下2种处理方式中的1种（参考图例：3.5.1.2）：

（1）所有功率正偏差：应要求每块样品功率均为正偏差，且偏差范围在0~+3%以内。

（2）功率平均值正偏差：应要求样品功率测试平均值为正偏差，偏差范围在0~+3%以内，且对于其中单块样品的结果按以下2种中的1种或多种要求：

① 允许部分样品功率低于标称功率，但样本量少于20块时，功率低于标称功率的样品数量不能超过2块；样本量大于等于20块时，功率低于标称功率的样品数量比例不能超出10%。

② 允许部分样品功率低于标称功率，但最低功率的样品其功率不能小于标称功率的99%；对单块样品功率不设上下限，但同一抽检批次同型号之间的相对极差不能超出2%。

3. EL 测试

对现场组件进行 EL 成像抽检，检查组件的电池片是否存在隐裂情况。（参考图例：3.5.1.3、3.5.1.4）。

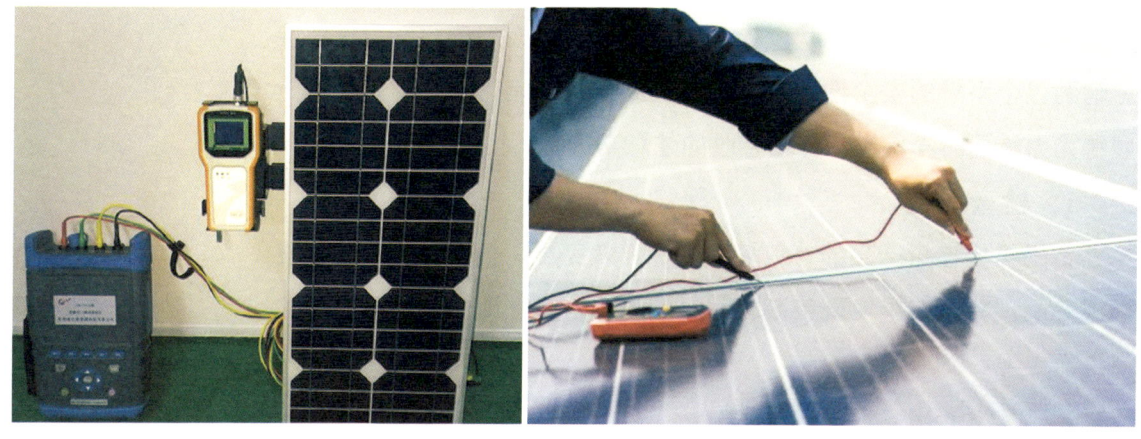

图例 3.5.1.2：光伏组件功率测试

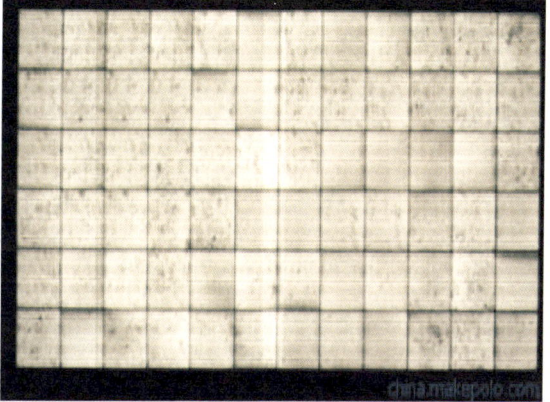

图例 3.5.1.3：正常的光伏组件 EL 测试图像

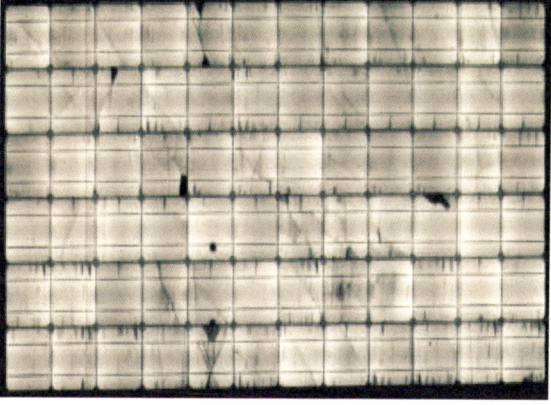

图例 3.5.1.4：损坏的光伏组件 EL 测试图像

二、支架验收

光伏各类支架作为光伏发电系统中的重要组成部分,其质量直接影响到整个系统的安全性和稳定性。因此,在安装前的开箱验收环节显得尤为重要。光伏支架开箱验收的注意事项有:

1. 检查包装

首先需要检查产品的外包装。确保包装完整无损,没有明显的破损或受潮现象。如果发现包装有明显的损坏,应立即拍照并联系供应商进行更换。

2. 核对清单

在开箱前应先核对产品清单,确认所有配件是否齐全。光伏支架通常包括立柱、横梁、斜梁、连接件等部分,每种配件的数量和规格都需要逐一核对。如果发现缺少配件或者配件型号错误,应及时与供应商沟通解决。

3. 查看材质

接着查看光伏支架的材质。优质的光伏支架通常采用优质钢材制作,表面经过镀锌处理,具有良好的耐腐蚀性和抗风压性能。在验收过程中,应注意观察支架的表面是否有锈蚀、划痕等瑕疵,同时也可以用手触摸感受一下支架的厚度和硬度,以判断其质量(参考图例3.5.2.1)。

图例 3.5.2.1:材质不合格的支架

4. 检测镀锌层

在验收过程中,还需要对光伏支架的尺寸进行检测(参考图例:3.5.2.2)。参照 GB/T 13912—2002,热镀锌层厚度的标准如下:

(1)工件的厚度大于或等于 6 mm 的,平均厚度应大于 85μm,局部厚度应大于 70μm;

(2)工件的厚度小于 6 mm 且大于 3 mm 的,平均厚度应大于 70μm,局部厚度应大于 55μm;

(3)工件的厚度小于 3 mm 且大于 1.5 mm 的,平均厚度应大于 55μm,局部应大于 45μm。

5. 检验尺寸

在验收过程中,还需要对光伏支架的尺寸进行精确测量。这一步骤是为了确保支架能够准确地安装在预定的位置上,并且能够稳定地支撑起光伏组件。在测量时,应使用专业的测量工具,如卷尺或卡尺,以确保测量结果的准确性(参考图例 3.5.2.3、3.5.2.4)。

6. 检查焊接点

光伏支架的各个部件之间通常通过焊接的方式连接在一起。在验收过程中,需要仔细检查每一个焊接点,确保它们都牢固可靠。如果发现焊接点有裂缝、气孔等问题,应立即要求供应商进行修复或更换。

7. 测试承载能力

最后,还可以对光伏支架的承载能力进行简单的测试。这可以通过在支架上放置一定重量的物体来实现。在测试过程中,应密切关注支架的形变情况,如果发现支架出现明显的弯曲或者扭曲,那么就需要考虑更换更高质量的支架。

图例 3.5.2.2:镀锌层不合格的支架(镀锌厚度小于 45μm)

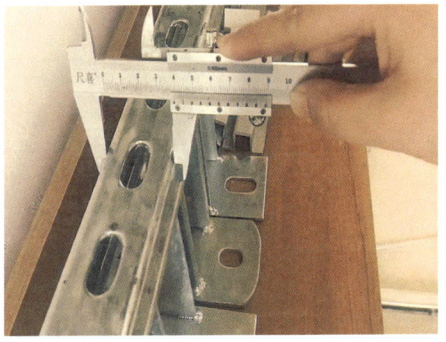
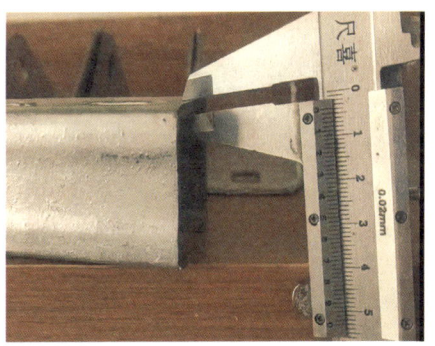

图例 3.5.2.3:支架尺寸检测　　图例 3.5.2.4:支架厚度检测

三、支架安装

根据设计要求及施工现场光伏支架安装的规范标准,施工及设计过程中应注意以下事项:

1. 支架安装精度参照广东省太阳能协会团体标准 T/GSEA 003—2020《屋面并网光伏发电系统施工规范》第 5.3.14 条的规定,即图例 3.5.3.1 所示表格。常见错误安装行为及规范安装见图例 3.5.3.2、3.5.3.3。

序号	名称	最大偏差值
1	中心线偏差	±2mm
2	梁顶标高偏差(同组)	±3mm
3	梁端相对位置偏差	±10mm
4	立柱顶标高偏差(同组)	±3mm

图例 3.5.3.1:支架安装允许最大偏差

2. 所有支架型钢方向、安装方式、螺栓穿向等应统一美观(参考图例:3.5.3.4)。

3. 支架倾斜角度偏差度不应大于 ±1°(参考图例:3.5.3.5)。

图例 3.5.3.2:中心线超出最大偏差

图例 3.5.3.3:支架规范安装

图例 3.5.3.4:支架型钢方向不一致

图例 3.5.3.5:支架倾斜角度过大

4. U型钢支撑脚安装时应该至底。若U型钢支撑脚不到底，由于受力不均匀，单靠螺栓固定，使用阵列支撑力不够，台风来临时容易导致光伏阵列倾倒（参考图例：3.5.3.6、3.5.3.7）。

图例 3.5.3.6：支撑脚至底，正确安装　　图例 3.5.3.7：支撑脚不到底，支撑力薄弱

5. 立柱与U型钢支撑脚（底座）连接处至少要用2颗螺栓紧固，背拉杆数量和立柱、斜梁、檩条等型号及长度要符合图纸设计要求（参考图例：3.5.3.8、3.5.3.9）。

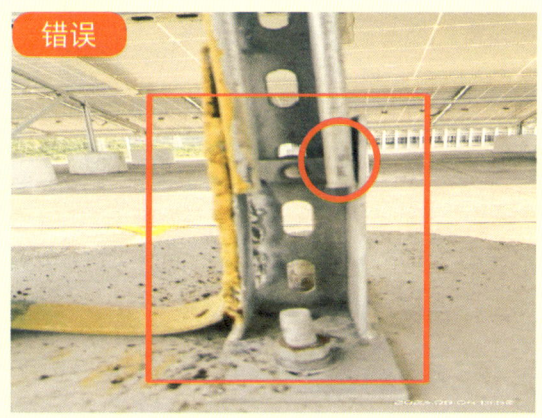

图例 3.5.3.8：立柱与底座连接处有 2 颗螺栓　　图例 3.5.3.9：立柱与底座连接处仅有 1 颗螺栓

6. 螺栓和螺钉的外露长度要满足国家标准 GB 3098.1，该标准对螺栓和螺钉的外露长度进行了规定：

（1）外露长度应在总长度的 1.5 倍以内，但不得大于 20mm。也可理解为螺栓应达到相应力矩值，应至少露出 4～5 个丝扣、2 平垫 1 弹垫应齐全（参考图例 3.5.3.10、3.5.3.11）。

（2）小于 45°（含 45°）的微斜面式螺纹丝扣，其外露长度可超过总长度的 1.5 倍，但不得大于 25mm。

（3）所有连接螺栓应加防松垫片并拧紧。

图例 3.5.3.10：螺栓丝扣露出不足

图例 3.5.3.11：螺栓露出 4～5 个丝扣

四、彩钢瓦光伏支架安装质量管控

太阳能彩钢瓦屋顶安装系统对于商用或民用的屋顶太阳能系统的设计和规划具有极大的灵活性。它应用于将常见的有框太阳能板平行安装于斜屋顶上。独特的铝合金挤压导轨，斜装卡件，各种卡块和各种各样的屋顶挂钩能够被高度预装，从而使整体的安装简便快捷，节省人力成本和安装时间。根据设计要求及光伏支架安装的规范标准，施工质量管控中应注意以下事项：

1. 夹具安装

安装夹具前，在每个单元所标记的夹具始末位置拉线，以便安装整齐；并将与夹具对应的 T 型螺栓与夹具进行连接；安装铝合金夹具时，夹具的扣边应与彩钢瓦棱的卡扣对应，与瓦棱紧固良好（参考图例 3.5.4.1、3.5.4.2）。

2. 导轨安装

为方便光伏组件导轨安装，一般使用角驰型彩钢瓦。夹具安装完成之后，通过 T 型螺栓将铝合金导轨与夹具连接，安装螺垫和弹簧垫后，使用螺栓固定。以上构件组装完成后，再次校正铝合金导轨的间距和平直度。检查无误后，将铝合金导轨固定，并把所有螺栓拧紧（参考图例 3.5.4.3）。

3. 安装后检查

安装后应检查导轨是否牢固；导轨横向及竖向的划线是否在偏差范围内。

图例 3.5.4.1：常用角驰夹具，夹住彩钢瓦棱角

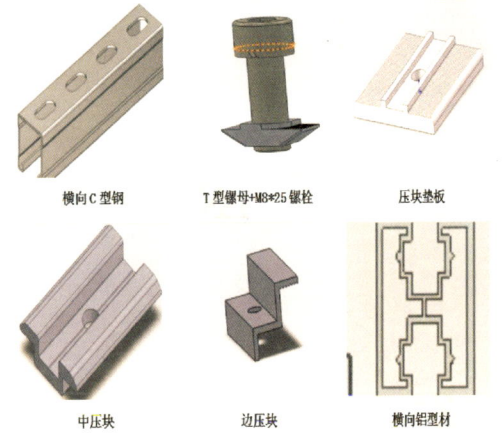

图例 3.5.4.2：压块配件

图例 3.5.4.3：角驰夹具与锌铝镁材质铝轨结合

五、光伏组件安装

光伏组件是整个发电系统中的核心部分,由光伏组件片或由激光切割机、钢线切割机切割开的不同规格的光伏组件组合构成。安装时需要确保其紧固、支撑等问题。如果安装不稳定,出现摆动等现象,可能会导致光伏组件易碎甚至破裂。因此,在光伏组件的安装过程中,要满足如下规范要求:

(1)严禁施工人员直接踩踏光伏组件,选用能支撑施工人员站立的保护垫,保护垫的受力点应在光伏板边框上(参考图例:3.5.5.1)。

(2)组件边缘高差相邻组件间≤1mm,同组光伏组件≤5mm。

(3)组件平整度相邻组件间≤1mm,东西向全长(相同轴线及标高)≤5mm(与设计值比较)。

(4)组件安装角度方向正确,且偏差≤1°。组件压块紧固,紧固件牢固,无未压平的现象(参考图例:3.5.5.2)。

图例 3.5.5.1:光伏组件安装时的支撑保护垫

图例 3.5.5.2:光伏组件平整、紧固

（5）光伏板间隙与中压宽度吻合，一般为 20 mm，且间隙应安装防水胶条进行防水（组件竖向间隙采用普通防水胶条，组件横向间隙则增加采用丁基防水胶带，双向保险，效果更佳）（参考图例：3.5.5.3）。

（6）光伏阵列边的檩条应超出组件边缘一定长度，在安装边压后，剩余突出长度不少于50mm，且檩条末端应加胶塞，以免人员磕碰受伤（参考图例：3.5.5.4）。

（7）同一个阵列，组件整体的倾角要一致，具体倾角度数按设计要求执行（参考图例：3.5.5.5）。

图例 3.5.5.3：组件间隙安装防水胶条

图例 3.5.5.4：阵列边檩条的处理

图例 3.5.5.5：组件倾角度数检测

第六节　设备安装质量管控

一、逆变器设备安装质量管控

光伏并网逆变器是太阳能并网发电系统中的关键设备，其安装是光伏建设项目中一项重要的工作，需要严格遵守相关的标准和规范。

1. 安装环境要求

（1）确保安装地点无其他电子或电气设备产生强电磁干扰。

（2）逆变器在运行过程中，机箱和散热片湿度会比较高，请勿将逆变器安装在易碰触的位置。

（3）逆变器应安装在通风良好的环境下，以确保良好的散热。一般要求选择带遮挡的安装地点，或者搭建防雨、遮阳棚（搭建防雨、遮阳棚时要注意处理尖角，防止伤人）（参考图例：3.6.1.1、3.6.1.2）。

（4）安装环境温度为 -30℃ ~ 60℃，现场环境清洁。

（5）安装地点应为固定且坚固的物体表面，如墙面、金属支架等。

（6）安装位置需要保证逆变器可靠接地，且接地金属导体材料与逆变器预留接地金属材料保持一致。

图例 3.6.1.1：未搭设防雨、遮阳棚

图例 3.6.1.2：防雨、遮阳棚尖角未处理

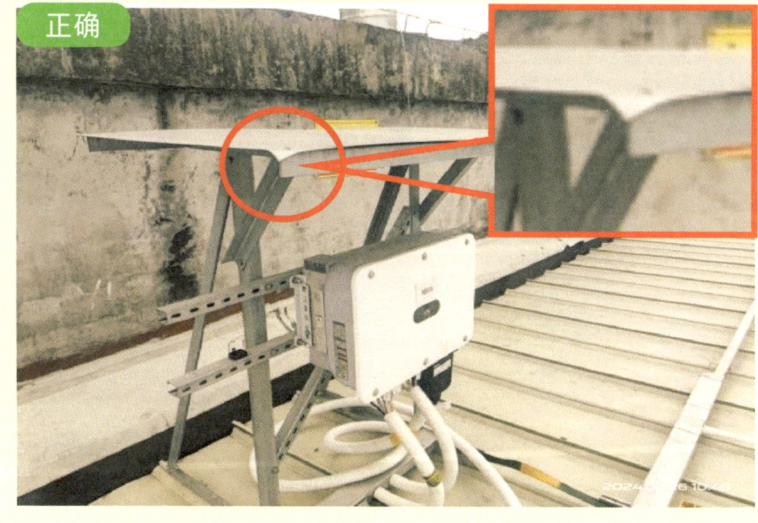

图例 3.6.1.3：搭设防雨、遮阳棚，且弯曲尖角已处理

2. 安装工艺要求

（1）逆变器安装位置符合图纸设计要求，ABC 相序接线符合设计要求（参考图例：3.6.1.4）。

（2）震动场所按设计要求采取防震措施。

（3）与基础型钢之间固定牢固可靠。

（4）接地线的截面、通风、散热符合设计要求。

（5）输出低压电缆应预留 2～5 m。

（6）逆变器、低压电缆、光伏线按要求做好相应编号及安健环标识，有利于日后运维故障查找（参考图例：3.6.1.5）。

图例 3.6.1.4：逆变器规范接线

图例 3.6.1.5：逆变器编号及标识

3．逆变器运行前检查

（1）运行前，需确定逆变器的安装环境、机械安装、电气连接均符合该逆变器的安装要求。

（2）确认所有开关处在"断开"状态。

（3）确认光伏组件开路电压符合该逆变器直流侧参数要求。

（4）确认交流侧电压正常，确认安装现场电气安全标识清晰。

（5）确认符合以上要求后，依次确认以下问题：

① 闭合逆变器公共电网交流侧断路器；

② 逆变器 LED 指示灯按厂家说明处于常亮运行状态（参考图 3.6.1.6）。

图例 3.6.1.6：逆变器试运行检查

二、并网柜选购与安装

光伏并网柜是连接光伏电站和电网的配电装置，其主要作用是作为光伏电站与电网之间的分界。并网柜选购与安装是光伏建设项目中一项重要的工作，需要严格遵守相关的标准和规范：

1．购置并网柜

（1）购置并网柜的主开关应具备过载长延时、短路瞬时、接地故障，失压跳闸及检有压合闸功能。

（2）购置并网柜计量仓内的计量互感器应设置在刀闸与总开关中间（参考图例：3.6.2.1、3.6.2.2）。

（注：如互感器设置在进线端，则安装或检修时都需要将上一级配电开关停电，既不利于并网通电投产时间的灵活性，也不利于往后的检修，反而对大工厂的用电需求造成一定的损失。）

图例 3.6.2.1：计量互感器应设置在刀闸与总开关中间

图例 3.6.2.2：计量互感器设计安装在电源侧

2．并网柜安装要求

（1）光伏并网柜要安装在通风良好、无腐蚀气体、无尘、无蒸汽、无水滴及其他有害物质的场所，避免阳光直射且远离易燃易爆物品，并网（箱）柜所在电房不应有消防管、水管、排污管等。

（2）安装地点要满足机柜开门、放电、维护等操作的空间要求，应设有安全照明系统和电源插座。

（3）并网柜外壳应采用地排接地，前后应铺设绝缘胶垫（参考图例 3.6.2.3、3.6.2.4）。

图例 3.6.2.3：并网柜规范安装示例

图例 3.6.2.4：并网柜没有防护网、操作绝缘地胶及安全标示

（4）电房应更新系统接线图版（清晰标准接入光伏的容量），并网柜应按供电部门要求重新编排编号（参考图例：3.6.2.5）。

（5）安装完成后要对并网柜进行检查，确保无遗留物品、柜体进出电缆口已封堵、电缆标示牌完整，配置好带电设备防护网及安全标示（参考图例：3.6.2.6、3.6.2.7）。

（6）对并网柜应进行通电测试：开关分合遥控、就地分合正常，设备充电，分合开关，储能指示正确，检查运行时无异常声响，总开关应该监测市电信号重合闸功能启动、合闸指示灯正确。

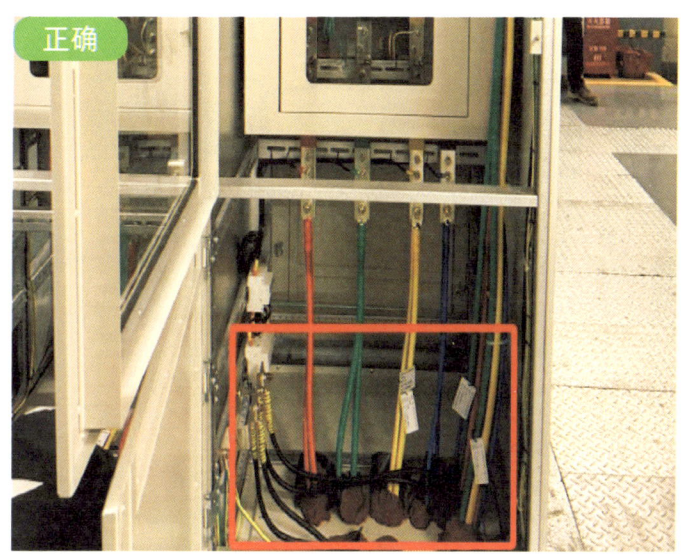

图例 3.6.2.5：并网柜开关标识要求
0.4kV 开关及刀闸标签，一次结线图标示要求

图例 3.6.2.6：并网柜规范安装示例

图例 3.6.2.7：并网柜错误安装示例（未封堵、未装标识牌）

三、汇流箱安装

汇流箱在光伏发电系统中是保证光伏组件有序连接和汇流功能的接线装置。该装置能够保障光伏系统在维护、检查时易于切断电路，当光伏系统发生故障时能减小停电的范围。汇流箱安装应满足以下要求：

（1）汇流箱箱体应牢固、平整，表面应光滑平整，标牌、标志、标记应完整清晰（参考图例：3.6.3.1）。

（2）机架组装有关零部件均应符合各自的技术要求，各种开关应便于操作，灵活可靠（参考图例：3.6.3.2）。

（3）汇流箱输入回路均应具备过流保护和监测功能。

（4）汇流箱在室内布置时防护等级应至少达到IP20，在室外布置时防护等级应至少达到IP54。

图例 3.6.3.1：汇流箱规范安装示例 1

图例 3.6.3.2：汇流箱规范安装示例 2

第七节 接地网隐蔽工程质量管控

一、接地网整体设计

接地网隐蔽工程是对埋在地下一定深度的多个金属接地极和由导体将这些接地极相互连接组成一网状结构的接地体的总称。根据设计图纸要求进行接地网布局应符合 GB/T 50065—2011 的相关规定：

（1）接地装置敷设时，接地装置应以水平接地体为主，垂直接地极为辅的方式构成，水平接地体选用 φ16 热镀锌圆钢或 50 mm × 4 mm 热镀锌扁钢，垂直接地极选用 ∠ 50 × 50 热镀锌角钢。埋设于土壤内的接地装置应采用热镀锌防腐，水平接地体顶面埋设深度不应小于 0.6m，垂直接地体的间距不宜小于 5m。接地线搭接应采用焊接，搭接长度满足设计文件的要求，并做好相关隐蔽工程拍照及文档记录（参考图例：3.7.1.1、3.7.1.2）。

（2）根据《电气装置安装工程接地线施工及验收规范》GB 50169 规定：接地线的安装位置应合理，便于检查，不应妨碍设备检修和运行巡视；接地线的连接应可靠，不应因加工造成接地线截面减小、强度减弱或锈蚀等问题；接地线应水平或垂直敷设，或可与建筑物倾斜结构平行敷设；在直线段上，不应有高低起伏及弯曲等现象（参考图例 3.7.1.3）。

图例 3.7.1.1：接地网敷设

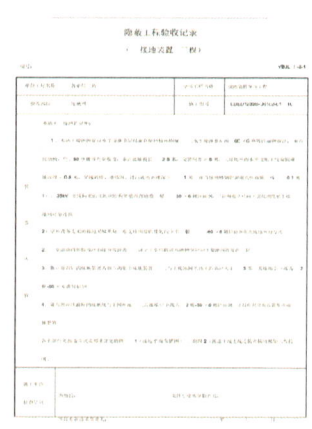

图例 3.7.1.2：隐蔽工程验收记录表

图例 3.7.1.3：接地线规范安装示例

二、接地网焊接

接地扁钢与扁钢连接时，其长度为其宽度的 2 倍（且至少 3 个棱边焊接），且不小于 100 mm，扁铁转角位应使用预制弧型 400 mm × 400 mm 的扁跌进行连接；圆钢与圆钢连接时，其长度为其直径的 6 倍，且不小于 100 mm；圆钢与扁钢连接时，其长度为圆钢直径的 6 倍，焊接后应涂刷黄绿相间的防腐漆（参考图例：3.7.2.1、3.7.2.2）。

图例 3.7.2.1：接地线未刷防腐漆

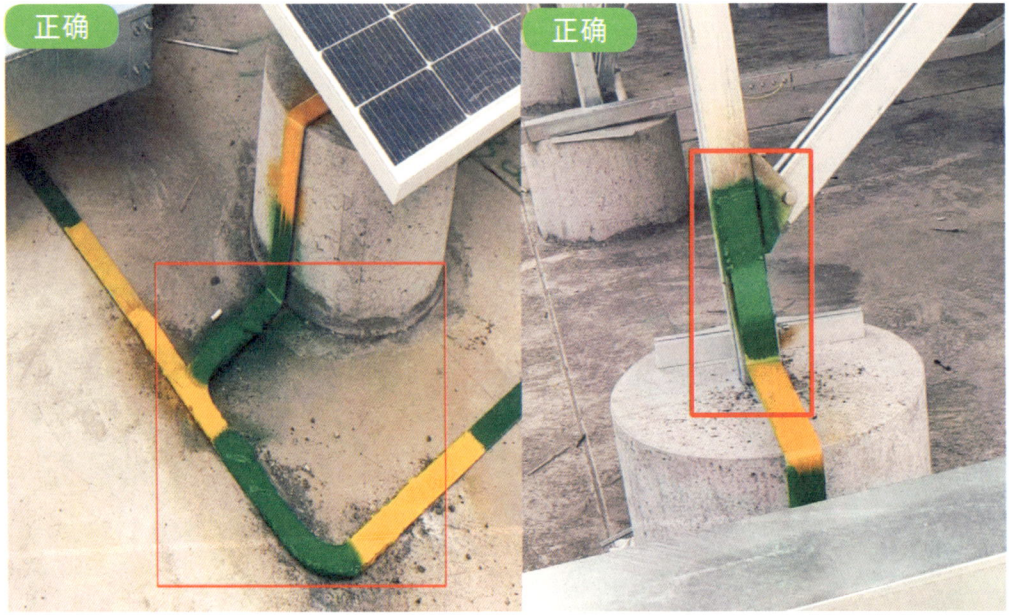

图例 3.7.2.2：接地线连接规范、刷漆规范

三、接地网电阻值测量

接地网装设后,应对接地网电阻值进行测量(参考图例:3.7.3.1)。根据电力安全规程要求,接地网合格电阻标准值为:

(1)独立的防雷保护接地电阻应小于或等于 10 Ω;

(2)安全保护接地电阻应小于或等于 4 Ω;

(3)交流工作接地电阻应小于或等于 4 Ω;

(4)直流工作接地电阻应小于或等于 4 Ω。

图例 3.7.3.1:接地网测量电阻值

第八节　安健环标识、标牌

一、电缆线路（桥架）电缆走向喷漆

在布置电缆敷设完工后，应在电缆线槽盖板上进行标注，明确是交流电缆或直流电缆，并注明电流方向（参考图例：3.8.1.1、3.8.1.2）。

图例 3.8.1.1：直流电缆线槽盖标识

图例 3.8.1.2：交流电缆线槽盖标识

二、电缆标识牌

根据《中国南方电网有限责任公司企业标准 Q/CSG 1207001—2015）配电网安健环设施标准》第1.6.3条，0.4kV 及以下配电线路标志及设置规范要求（参考图例：3.8.2.1、3.8.2.2）如下：

（1）四芯电缆用白底红字；

（2）对单芯电缆每相挂设，应用不同底色区分，黄、绿、红、黑分别表示 a、b、c、n 相；

（3）标识牌明确：电缆线路编号、型号、规格及起迄地点。

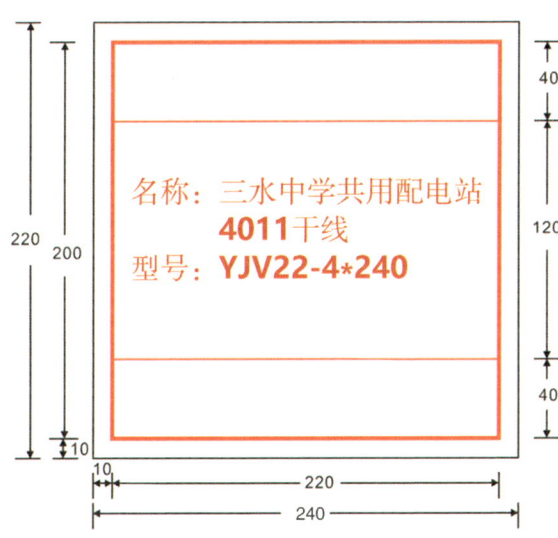

图例 3.8.2.1：电缆标签制作示例

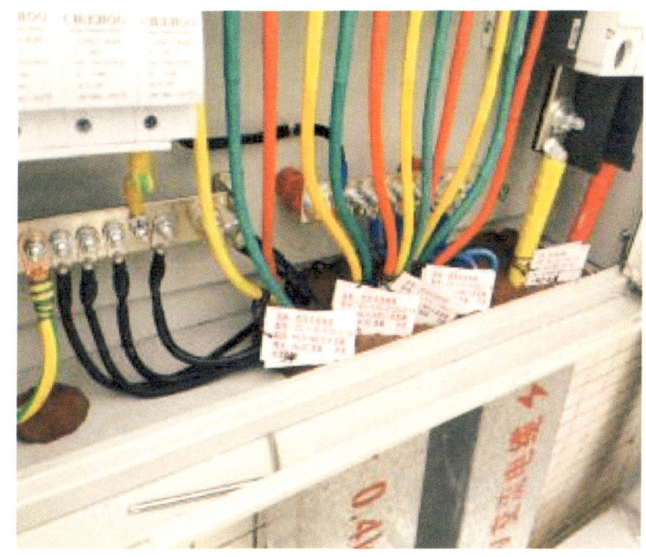

图例 3.8.2.2：电缆编码标签示例

三、配电柜标识、标志

根据《中国南方电网有限责任公司企业标准 Q/CSG 1207001—2015）配电网安健环设施标准》第 1.6.3 条，0.4kV 及以下配电线路标志及设置规范要求：

1．一次结线图

（1）电房应装设与实际运行结线方式相符的一次结线图（包括高、低压结线），分别挂于靠近高、低压柜的墙上或箱变高、低压室门及电缆分接箱门内侧。

（2）10kV 一次结线图中的元件，若与主回路相连（开关处于合闸运行状态时与主回路相连）的用红色表示，接地回路（开关处于合闸运行状态时与地电位相连）用黑色表示（参考图例 3.8.3.1）。

（3）0.4kV 一次结线图中的元件，若与主回路相连（开关处于合闸运行状态时与主回路相连）的用绿色表示，接地回路（开关处于合闸运行状态时与地电位相连）用黑色表示（参考图例：3.8.3.2）。

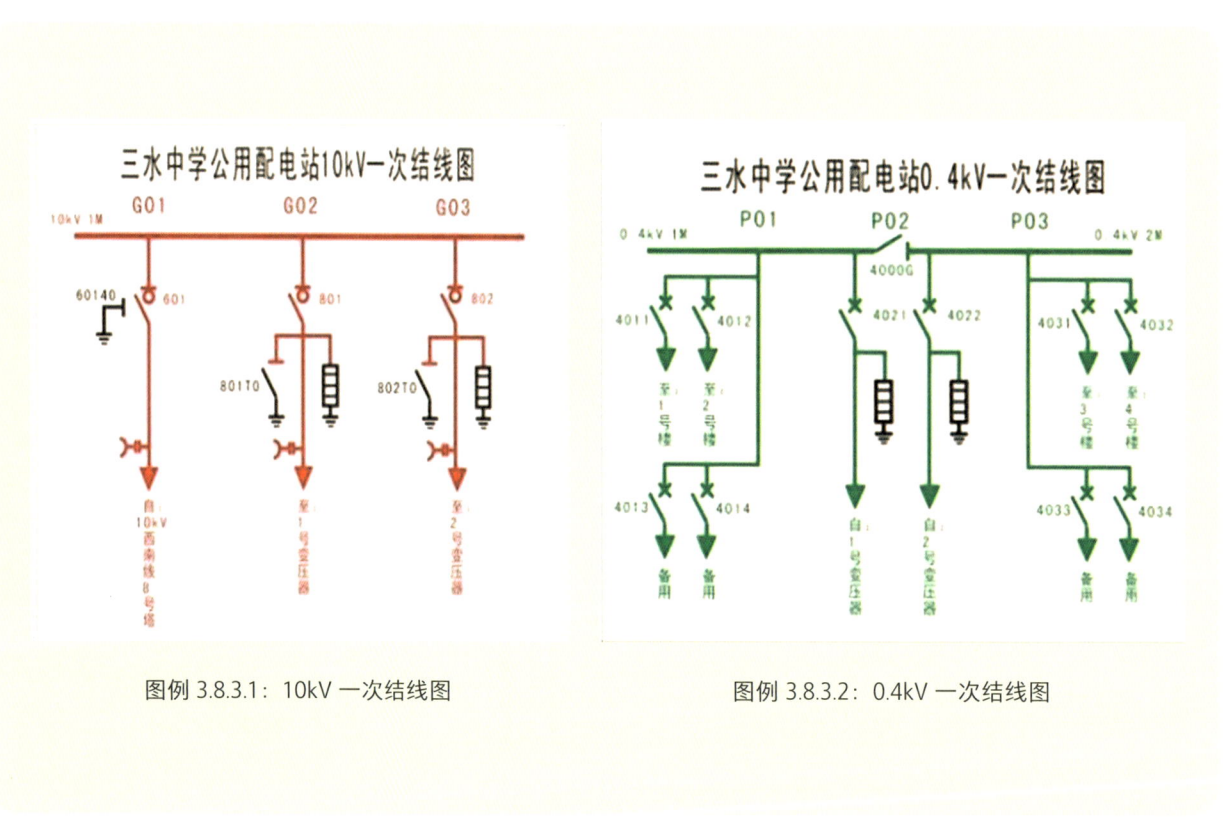

图例 3.8.3.1：10kV 一次结线图　　图例 3.8.3.2：0.4kV 一次结线图

2. 配电柜仪表、指示灯、按钮、旋钮

（1）电流表标签：标明所属开关的路别、相序。如单回路柜上的电流表可标为"A相电流指示"，多回路柜上的可标"×××开关B相电流指示"等（参考图例：3.8.3.3）。

图例 3.8.3.3：电流表标签

（2）电压表标签：标明测量电压的位置，如测量母线电压值的电压表应标明"母线AC相电压指示"、测量线路侧电压值的应标明"线路AC相电压指示"等（参考图例：3.8.3.4）。

图例 3.8.3.4：电压表标签

（3）功率因数表标签：应标明"功率因数指示"（参考图例：3.8.3.5）。

图例 3.8.3.5：功率因数表标签

（4）指示灯、按钮标签：标明其作用，多回还应标明路别。如"储能按钮""合闸指示""分闸指示""接地指示""储能指示""XXXX开关合闸指示""二路电容投运"等（参考图例：3.8.3.6）。

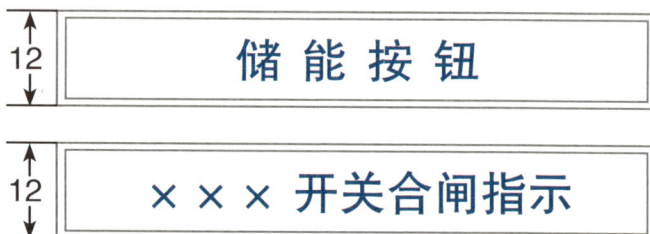

图例 3.8.3.6：指示灯、按钮标签

（5）旋钮标签：旋钮要标明其作用，如"电压显示切换""远控就地切换""电容控制切换""手动自动切换""照明开关""加热器开关"等（参考图例：3.8.3.7）。

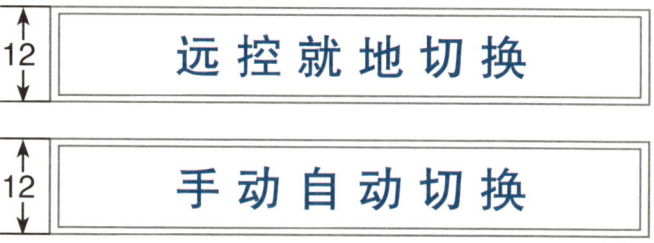

图例 3.8.3.7：旋钮标签

（6）其他装置标签：如带电显示器、故障指示器、无功补偿控制器、电磁锁等其他装置，如其设备面板上的标注不清晰，均应在其下方贴上相应标签标示（参考图例：3.8.3.8）。

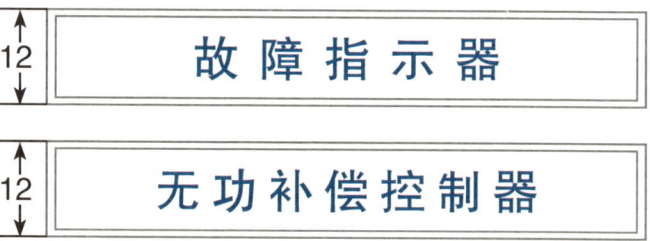

图例 3.8.3.8：其他装置标签

3．0.4kV 开关及刀闸标签

（1）低压开关标签（参考图例：3.8.3.9）：
①用 24 mm 宽规格的标签纸打印，白底红字；
②固定粘贴在 0.4kV 开关操作把手或面板周围的适合位置。

图例 3.8.3.9：低压开关标签

（2）低压刀闸标签（参考图例：3.8.3.10）：
①用 24 mm 宽规格的标签纸打印，绿底白字；
①固定粘贴在 0.4kV 刀闸操作孔、操作把手或面板周围的适合位置。

图例 3.8.3.10：低压刀闸标签

（3）低压开关进、出线属性标志牌（参考图例：3.8.3.11）：
①固定安装在有出线的 0.4kV 开关操作把手或面板的下方。
①可根据设备实际情况按比例缩放。

图例 3.8.3.11：低压开关进、出线属性标志牌

四、逆变器、汇流箱编号标识牌

在完成逆变器、汇流箱的安装后,应按照设计图纸要求对逆变器、汇流箱进行编号,并粘贴标识牌(参考图例:3.8.4.1、3.8.4.2)。

图例 3.8.4.1:逆变器编号标识牌

图例 3.8.4.2:汇流箱编号标识牌

第九节 其他防护设施安装

一、运维通道安装

运维通道应综合考虑运维人员的安全、运维效率及组件寿命等因素，一般要求如下：

1. 结构防水棚运维通道

（1）单边组件安装大于 6 m，可适当设置 40 ~ 60 cm 宽的运维通道（参考图例：3.9.1.1）；

（2）运维通道的材质应具备防滑、不易生锈等特点；

（3）运维通道增设安全带卡扣，用于日常清洗维护时挂扣安全绳（参考图例 3.9.1.2）。

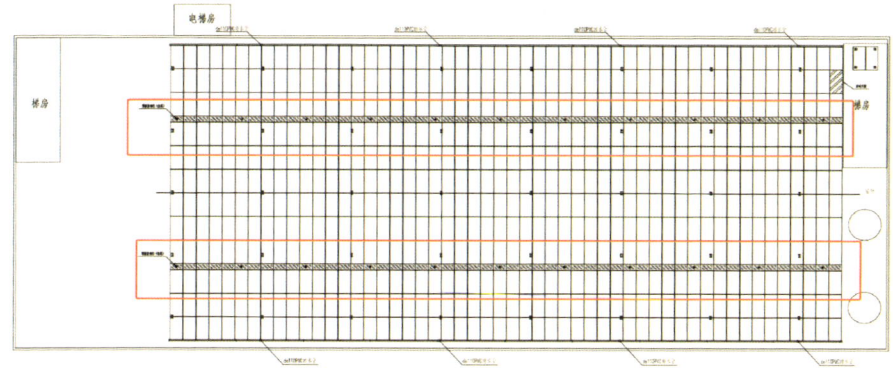

图例 3.9.1.1：运维通道预留设计

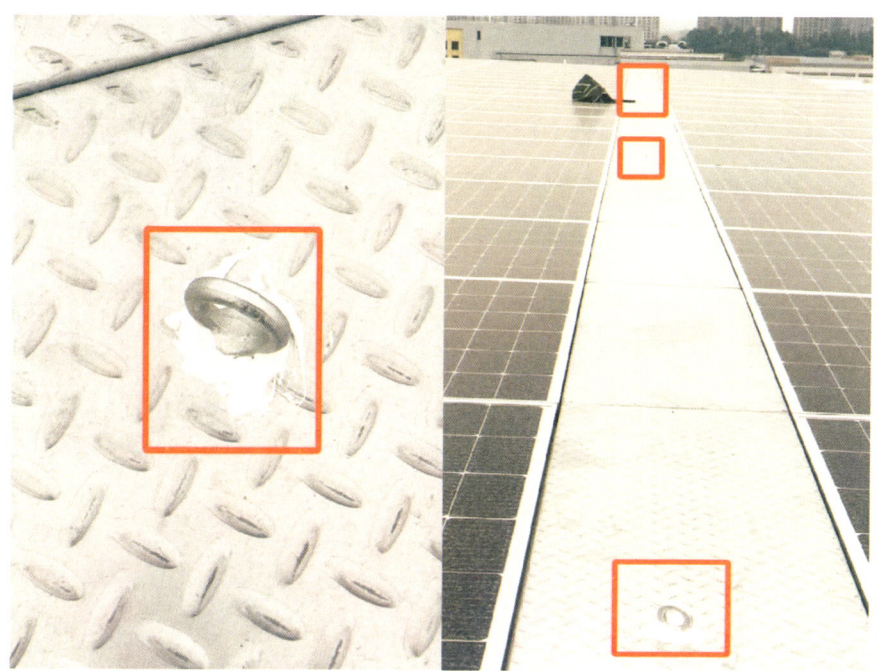

图例 3.9.1.2：安全带卡扣

2. 彩钢瓦运维通道

（1）耐腐蚀，永不生锈，使用周期长，免于维护；

（2）轻质高强，便于切割安装；

（3）阻燃、绝缘、绝燃、无磁性；

（4）抗冲击，不易变形，减少疲劳感；

（5）可设计性强，尺寸灵活多样，尺寸宽度要达到 40～50cm；

（6）具有轻微弹性，增强舒适感，提高工作效率；

（7）美观、易保养，色彩多样，着色均匀，色泽鲜艳，不易褪色；具有自洁作用，即使有污垢，用清水或洗涤剂也极易冲洗（参考图例：3.9.1.3、3.9.1.4）；

（8）具有较好的成本效益，翻新间期少，不穿孔。

图例 3.9.1.3：标准的彩钢瓦运维通道

图例 3.9.1.4：彩钢瓦运维通道安装

二、边缘护栏安装

在光伏系统日常使用过程中,经常要登上屋顶进行检修、清理,这就对施工人员的人身安全提出了严峻的挑战。在这种危及安全的情况下,更需要在彩钢瓦屋顶加装护栏,确保维修人员的安全,降低成本风险(参考图例:3.9.2.1)。边缘护栏安装要求如下:

(1)全角铁支架:400 mm × 400 mm 镀锌角铁制作,高度 120 cm,间隔 2 ~ 3 m 一个立柱。

(2)以上圆钢横梁(最少 3 根),高度 120 cm,间隔 2 ~ 3 m 一个立柱。

(3)所有屋顶临边处都要安装边缘护栏,做到全封闭。

(4)爬梯口处应设置活动式防护栏。

图例 3.9.2.1:屋顶边缘护栏

三、清洗系统安装

为了减少灰尘遮蔽的影响，提高光伏组件的发电效率和使用寿命，应当对光伏组件建立一套清洗系统（参考图例：3.9.3.1）。光伏清洗系统安装要求如下：

（1）为防止建筑楼层过高而导致水压低、水源不足的问题，清洗系统应加装增压泵。

（2）根据光伏电站的实际情况选择清洗系统的安装位置，应该满足方便维护、不影响光伏组件的发电等条件。

（3）安装完成后要求进行测试，确保清洗系统运转正常。

（4）根据电站的规模和现场实际状况，初步筹划安排每两个月对电站组件清洗一次。

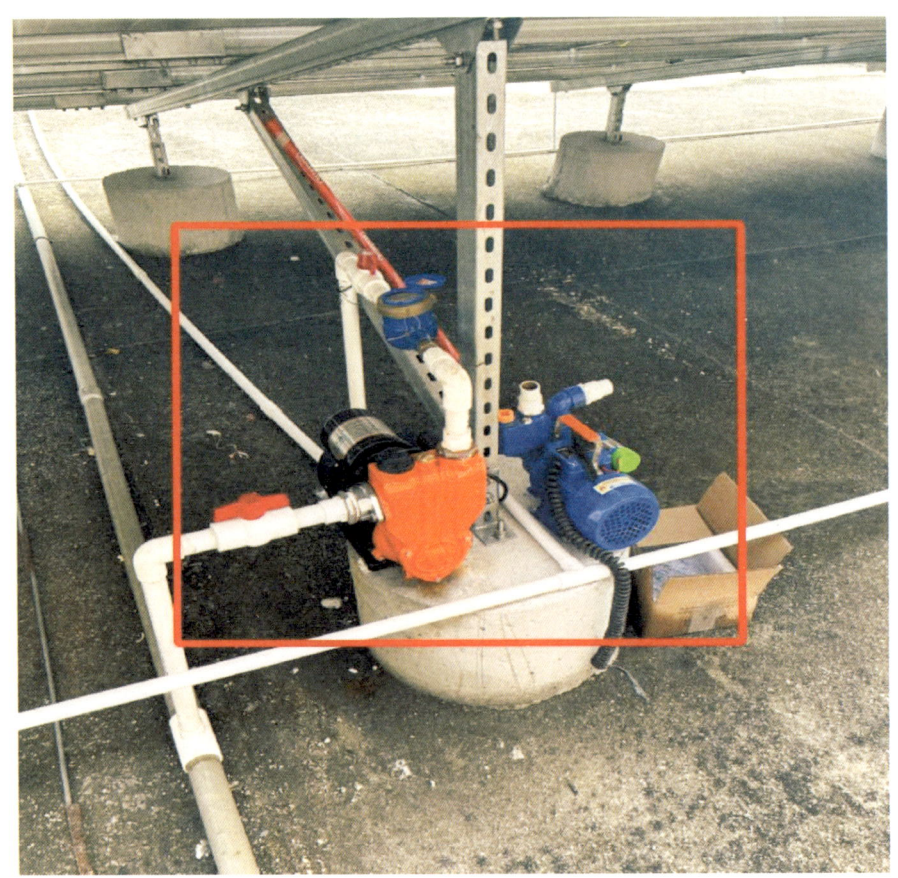

图例 3.9.3.1：光伏清洗系统

第十节　光伏电站运维的内容

一、运维作业一般要求

参照《分布式光伏发电系统集中运维技术规范》（参考图例：3.10.1.1），光伏电站设备巡视分为日常巡视和特殊巡视 2 种模式，分别要求如下：

（1）日常巡视：各场站每月需巡视一次（参考图例：3.10.1.2），检查各个光伏电站的运行情况，定期巡视逆变器、汇流箱、光伏组件的运行情况、卫生状况等，巡视检查中发现问题应及时汇报，并将问题列为缺陷进行登记。

（2）特殊巡视：节前、重大节假日或台风、暴雨等自然灾害过后，巡视各个光伏项目运行的状况，巡视各方阵的汇流箱、电池板防火防盗情况，巡视检查中发现问题应及时汇报，将问题列为缺陷进行登记。

图例 3.10.1.1：运维技术规范

序号	设备名称	巡视和检查周期
1	支架及基础	每季度一次
2	跟踪系统	每月一次
3	光伏组件	每月一次
4	汇流箱	每月一次
5	直流配电柜	每月一次
6	逆变器	每月一次
7	就地升压变	每月一次

图例 3.10.1.2：光伏发电站设备巡视和检查周期

二、光伏项目日常巡检分类

各场站每月需巡视一次，检查各个光伏电站的运行情况，定期巡视逆变器、汇流箱、组件的运行情况、卫生等，巡视检查中发现问题及时汇报，列为缺陷进行登记，形成检查记录表（参考图例：3.10.2.1），光伏项目日常巡检记录表分成下面六大类：

（1）光伏组件检查；
（2）光伏矩阵支架及基础检查；
（3）光伏逆变器检查；
（4）光伏交流汇流箱检查；
（5）光伏交流高压配电设备检查；
（6）安健环及现场环境检查。

序号	设备名称	巡检部位	情况记录	后续跟踪	序号	设备名称	巡检部位	情况记录	后续跟踪
1	光伏组件	组件整体外观			5	光伏交流高压配电设备	并网柜外观		
		组件钢化玻璃表面					多功能仪表读数（电流、电压）		
		螺栓、压块紧固情况					分、合闸指示灯		
		组件直流线MC4插头					并网柜断路器状态		
		各组件串联直流线					并网柜重合闸开关（自动、停、手动）		
2	光伏矩阵支架及基础	水泥载重块外观					柜体内部并接电缆及铜排温度		
		支架连接件螺栓紧固情况					柜体内部各汇流箱空气断路器状态		
		支架金属表面防腐及稳固情况			6	安健环及现场环境	电缆标识牌		
		直流线槽金属表面防腐及稳固情况					逆变器编号标识牌、汇流箱编号标识牌		
		交流线槽金属表面防腐及稳固情况					安全警示标识牌		
		防雷接地扁铁					电缆线路（桥架）电缆走向喷漆		
3	光伏逆变器	逆变器外观					电房0.4kV结线图		
		直流侧指示灯					光伏组件下方是否有杂物		
		交流侧指示灯					现场是否有遮挡影响光伏组件发电		
		通讯指示灯					排水、泄水口有无堵塞		
		逆变器接地线					光伏组件积灰情况（肮脏级别）		
		逆变器直流侧组串进线					现场主要污染源		
		逆变器交流侧出线					灭火器点检（气压、效期）		
		逆变器散热风机					图片上传：各屋面组件表面拍照（两张）		
4	光伏交流汇流箱	汇流箱外观					屋面1：		屋面1：
		各逆变器空气断路器开关状态					屋面2：		屋面2：
		防雷开关状态					屋面3：		屋面3：
		交流电缆进线					屋面4：		屋面4：
		交流电缆出线					屋面5：		屋面5：

图例3.10.2.1：光伏项目日常巡检记录表

（一）光伏组件检查

1. 光伏组件整体外观检查

（1）观察外观：检查光伏组件整体外观和边角是否光滑，有没有凹凸或变形等问题。同时检查是否有明显的划痕、裂纹或污渍等问题。外观检查可以通过裸眼观察或显微镜检查来完成（参考图例：3.10.2.2）。

（2）触摸表面：用手轻触面板表面，检查是否有明显凹凸或严重磨损。如果触摸表面不平整，那么它可能会影响光伏组件的电性能和耐久性。

（3）检查封装：检查光伏组件的封装是否完整。随着时间的推移，封装材料可能会发生老化、变色或脆化，这可能会导致能量损失，因此需要注意。

（4）清除尘垢：使用清洁剂和水来清除过多的污垢和灰尘等（参考图例：3.10.2.3）。

图例 3.10.2.2：合格的光伏组件整体外观

图例 3.10.2.3：不合格的光伏组件整体外观（灰尘堆积、存在漂浮物）

2. 螺栓、压块紧固情况检查

（1）外观检查法：对于常见螺栓、压块，一般通过目视观察的方式可以初步确定其是否松动。外观检查包括两个方面，第一是看是否有螺栓、压块缺失，第二是看各个螺栓、压块的紧固程度。在检查螺栓、压块的紧固程度时，可以用手指试着旋动螺栓、压块，如有松动现象的螺栓、压块需要进行紧固（参考图例：3.10.2.4、3.10.2.5）。

（2）撞击检查法：当外观检查法无法确定螺栓、压块是否松动时，可以采用撞击检查法。撞击检查法需要用到一把敲击锤，轻轻地敲击螺栓、压块所在的位置，如果听到有坠落金属物体的声音，说明螺栓、压块存在松动。

（3）扳手检查法：当外观检查和撞击检查都无法确认螺栓、压块是否松动或其紧固程度时，可使用扳手检查法。扳手检查法需要用到扳手，分别对螺栓、压块进行旋紧和旋松，检查其旋动的力度和感觉，如果感觉松动或轻松旋转，则需要进行紧固处理。

图例 3.10.2.4：螺栓、压块紧固良好

图例 3.10.2.5：螺栓松动、压块脱落

3. 光伏组件钢化玻璃表面检查

（1）从整体上而言，同一批次的组件内电池片的表面颜色应均匀一致，无明显色差、断栅、缺点损伤和焊点氧化斑等现象（参考图例：3.10.2.6、3.10.2.7）。

（2）组件内的每串电池片与互连条焊接排列整齐、焊接无偏差，电池串之间间距均匀，无明显偏差，焊带表面无堆锡、氧化现象。

（3）组件的封层中没有气泡或脱层现象，层次清晰透明，内部无污物，无杂色。

（4）组件的铝边框应整洁无腐蚀斑点，接口紧凑无明显缝隙、尖锐角、毛刺。

（5）硅胶的封边应均匀，无局部堆胶现象。

图例 3.10.2.6：合格的光伏组件钢化玻璃表面

图例 3.10.2.7：不合格的光伏组件整体外观（表面颜色不均匀、不一致，有明显色差、断栅，有破损爆裂点）

4. 光伏组件直流线 MC4 插头、串联直流线检查

（1）检查 MC4 接头接触情况，检查有无发热、烧熔现象，MC4 接头不应与屋面设施有接触（参考图例：3.10.2.8、3.10.2.9）。

（2）检查组件串联直流线是否有破损、烧毁（参考图例：3.10.2.10、3.10.2.11）。

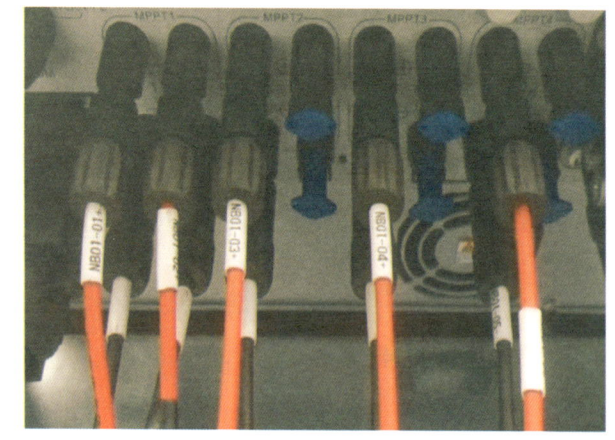

图例 3.10.2.8：正常运行的 MC4 接头

图例 3.10.2.9：已烧坏的 MC4 插头

图例 3.10.2.10：正常运行的串联直流线

图例 3.10.2.11：烧毁的串联直流线

（二）光伏矩阵支架及基础检查日常巡检

光伏支架是光伏发电系统的载体，大致可分为地面固定式、屋面体系、墙面体系、BIPV 体系等。因光伏支架本身的特点及自然和人为因素等原因，在达到规定的使用年限后必须不断地进行检查、维护和保养，才能保证光伏支架的正常性能。

（1）承重基础观察外观：承重基础无下沉或变形（参考图例 3.10.2.12、3.10.2.13）。

（2）支架连接件检查：支架连接件螺栓、压块紧固，无腐蚀、生锈、缺失等现象。

（3）直流线槽、交流线槽检查：直流线槽、交流线槽金属表面没有腐蚀、生锈、脱落、丢失等现象（参考图例 3.10.2.14、3.10.2.15）。

（4）防雷接地扁铁检查：防雷接地扁铁焊接点没有出现腐蚀、生锈、脱落等现象（参考图例 3.10.2.16、3.10.2.17）。

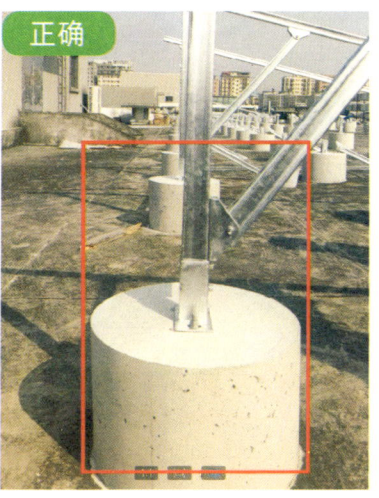
图例 3.10.2.12：正常运行的重块和支架

图例 3.10.2.13：倾斜运行的承载基础和支架

图例 3.10.2.14：正常的线槽

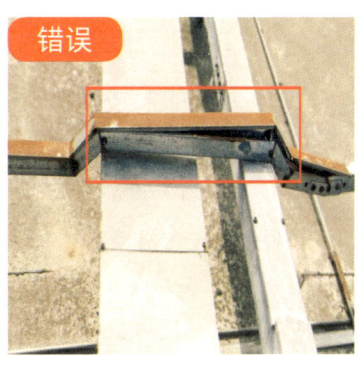
图例 3.10.2.15：生锈腐蚀的线槽

图例 3.10.2.16：正常的接地网

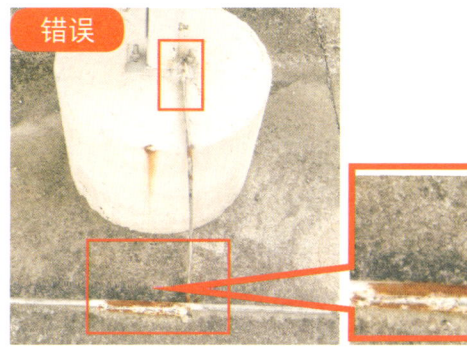
图例 3.10.2.17：防雷接地扁铁焊接点出现腐蚀现象

（三）光伏逆变器日常巡检

光伏逆变器日常巡检主要包括以下内容：

（1）外观检查：检查逆变器外壳是否有损坏、变形或螺丝松动等现象，是否有灰尘、油污或异物。

（2）接线检查：检查逆变器接线板是否正常、松动或腐蚀，各接线是否牢固。

（3）散热检查：检查逆变器内部散热是否正常，清除散热风道上的灰尘或异物。

（4）电压电流检查：在正常工作状态下，使用电压表、电流表等工具检查逆变器的电压和电流是否正常工作，是否存在异常。

（5）保护装置检查：检查逆变器中各种保护装置是否正常，包括过电流保护、过温保护等。

（6）指示灯检查：根据逆变器的"PV连接指示灯""并网指示灯""通信指示灯"以及"警告/维护指示灯"的状态，对照逆变器厂家提供的指引说明，分析逆变器的运行状况。（参考图例：3.10.2.18、3.10.2.19）。

图例 3.10.2.18：正常运行的逆变器

1	PV连接指示灯		绿灯常亮	光伏组串中至少一路连接正常，并且对应MPPT电路的直流输入电压大于等于200V。
			绿灯快闪	配合告警/维护指示灯为红色时，指示逆变器直流环境类故障。
			绿灯灭	逆变器与所有光伏组串均断连，或所有MPPT电路的直流输入电压小于200V。
			红灯常亮	配合告警/维护指示灯为红色时，指示逆变器直流侧内部故障。
2	并网指示灯		绿灯常亮	逆变器处于并网状态。
			绿色快闪	配合告警/维护指示灯为红色时，指示逆变器交流环境类故障。
			绿灯灭	逆变器未并网。
			红灯常亮	配合告警/维护指示灯为红色时，指示逆变器交流侧内部故障。
3	通信指示灯		绿灯快闪	逆变器正常接收到通信数据。
			绿灯灭	逆变器持续10s未接收到通信数据。
4	告警/维护指示灯	告警状态	红灯常亮	逆变器出现重要告警。如果此时PV连接指示灯或并网灯为绿灯快闪，请按照SUN2000 APP排查直流或交流环境类故障。如果PV连接指示灯和并网指示灯均为绿灯快闪，请按照SUN2000 APP指示进行部件更换或整机更换操作。
			红灯快闪	逆变器出现次要告警。
			红灯慢闪	逆变器出现告警。
		近端维护状态	绿灯常亮	近端维护成功。
			绿灯快闪	近端维护失败。
			绿灯慢闪	近端维护中或指令关机。

图例 3.10.2.19：厂家指示灯的指引

（四）光伏交流汇流箱日常巡检

为了掌握光伏组件设备的运行状况，及时发现和消除设备缺陷，预防事故的发生，确保完成发电计划，每月至少对光伏交流汇流箱检查一次，并在运行日志上详细记录。主要检查如下内容：

（1）检查汇流箱整体完整，无损坏、变形倒塌事故；整体清洁无杂物，密封情况良好。

（2）检查螺丝有无松动、生锈现象。

（3）检查接线端子、保险盒、防反二极管有无烧坏现象。

（4）检查回路电压、电流是否正常，检查浪涌保护器是否正常。

（5）检查线路是否正常，有无风化现象；检查接入汇流箱的电线是否包扎牢固，绝缘是否老化。

（6）检查汇流箱与后台通信是否中断。

（7）检查直流断路器接线端螺丝有无松动，在夏季高温天气时要检查直流断路器温度。

（8）检查汇流箱标识牌是否张贴牢固。

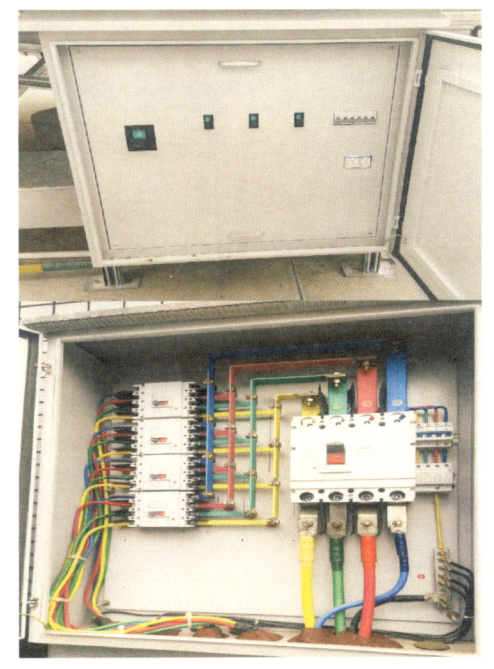

图例 3.10.2.20：正常运行的汇流箱

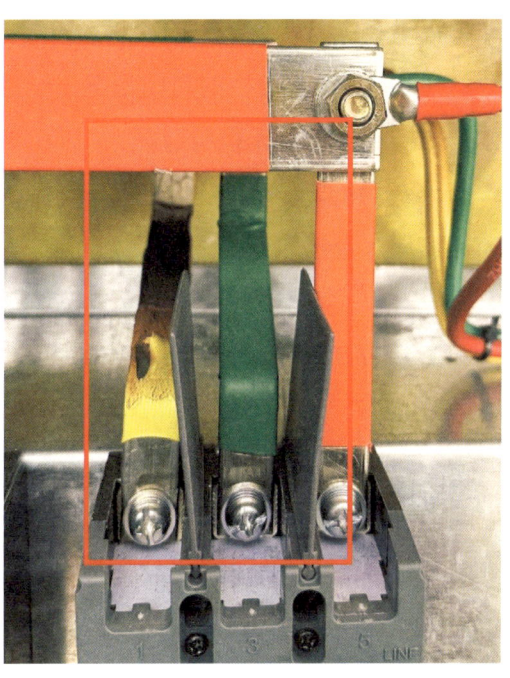

图例 3.10.2.21：汇流箱内部铜排发现发热、烧熔现象

（五）光伏交流高压配电设备日常巡检

为了掌握光伏组件设备的运行状况，及时发现和消除设备缺陷，预防事故的发生，确保完成发电计划，每月至少对光伏交流高压配电设备检查一遍，并在运行日志上详细记录，主要检查如下内容：

（1）检查配电柜的封闭情况，一旦发现门锁损坏应立即更换；检查有无积灰情况。

（2）检查配电柜接线是否牢固，各连接部有无松动、发热、变色现象，并及时处理。

（3）检查配电柜每路防反二极管有无损坏、炸裂。

（4）雷电天气过后要及时检查配电柜内防雷保护是否失效。

（5）注意配电柜内空气开关有无烧坏、发热或接触安装不良情况，如有发现现场立即整改。

（6）检查时不得触碰其他带电回路，使用的工具确保绝缘良好，防止造成短路，现场检查人员最少两个人一组，相互监护作业。

（7）直流输出母线的正极对地、负极对地的绝缘电阻应大于 2 兆欧。

图例 3.10.2.22：正常运行的配电设备

图例 3.10.2.23：检查柜内并接电缆及铜排温度

（六）安健环及现场环境检查

为了掌握光伏场站现场实际运行状况，及时发现和消除设备缺陷，预防事故的发生，确保完成发电计划，每月至少对场站安健环及现场环境检查一次，并在运行日志上面详细记录检查情况。

安健环及现场环境巡查内容主要包含七点：

1. 检查电缆、逆变器编号、汇流箱编号标识牌是否齐全，编号是否清晰明了。

2. 现场是否在醒目位置悬挂明显的安全警示标识牌。

3. 现场直流、交流电缆线路（桥架）是否有电缆走向喷漆，无喷漆或有脱漆的应马上补喷。

4. 用户电房内是否有光伏设备 0.4kV 结线图，结线图是否对应现场实际光伏设备状态。

5. 光伏组件下方是否有杂物，如有杂物需及时清理。

6. 现场是否有遮挡物影响光伏组件发电，如有需及时清理。

7. 排水口、泄水口有无堵塞，如有需及时清理。

图例 3.10.2.24：电缆标识牌

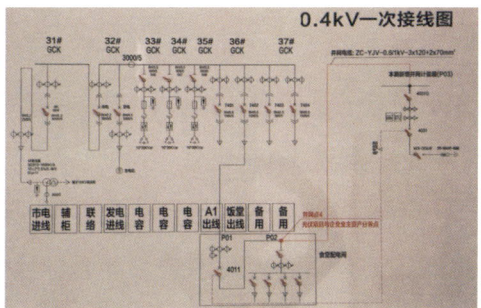

图例 3.10.2.25：逆变器、汇流箱编号牌

图例 3.10.2.26：安全警示标识牌

图例 3.10.2.27：光伏设备 0.4kV 结线图

图例 3.10.2.28：现场有杂物

图例 3.10.2.29：现场有遮挡物影响光伏组件发电

三、光伏组件清洗

暴露在外的光伏组件容易受到各种污染（参考图例：3.10.3.1），而光伏组件的清洗是确保光伏系统高效运行的重要环节。正确的清洗方法和注意事项可以延长光伏组件的使用寿命，并提高发电效率，光伏组件清洗应注意以下事项：

1. 清洗频率

光伏组件的清洗频率应根据当地气候条件和光伏组件的使用情况来确定。通常情况下，建议每年至少进行 4 次（每季度）清洗。在干燥且沙尘较多的地区，清洗频率可以适当增加。

2. 清洗时间

清洗光伏组件的最佳时间是在早晨或傍晚，避免在高温时段进行清洗。在高温时段清洗可能会导致组件温度过快升高，增加组件的热应力，降低发电效率。

3. 清洗液

清洗液应选择中性的洗涤剂或专用光伏组件清洗剂。在使用清洗液时，应按照清洗剂说明书的要求进行稀释，避免使用过量的清洗剂。清洗液的浓度过高可能会导致清洗剂残留，影响发电效率。

4. 清洗水质

清洗光伏组件时，水质也是一个重要的考虑因素。如果使用自来水或井水进行清洗，应注意水质是否含有较高的盐分或杂质。高盐分的水质可能会在组件表面留下水垢，影响发电效率。

图例 3.10.3.1：光伏组件污染类别

5. 清洗工具

清洗光伏组件时，应使用柔软的海绵或棉布，避免使用硬毛刷或有磨损的清洁工具，以免划伤组件表面。同时，也不建议使用尖锐的金属工具进行清洗，以免损坏组件。条件允许的情况下亦可使用清洗机器人进行清洗（参考图例：3.10.3.2、3.10.3.3）。

6. 清洗方法

清洗光伏组件时，应先用水冲洗组件表面，将灰尘、沙尘等杂质冲刷掉，然后使用清洗液浸湿海绵或棉布，轻轻擦拭组件表面，去除顽固污渍。清洗时要注意力度适中，避免过度用力，以免损坏组件。

7. 清洗顺序

在清洗光伏组件时，应按照一定的顺序进行清洗，以确保每个组件都得到适当的清洗。可以按照光伏组件布局的方向，从上到下、从左到右进行清洗，或者按照光伏阵列的连接顺序进行清洗。

8. 安全注意事项

在清洗光伏组件时，应注意自身安全。清洗时应确保站稳，避免滑倒或摔伤。同时，也要注意避免清洗液溅入眼睛或口鼻，以免引起不适或伤害。

9. 检查组件状况

在进行清洗时，也可以顺便检查光伏组件的状况。如果发现组件表面有明显的划痕、裂纹或损坏，应及时进行维修或更换，以避免影响发电效率。

图例 3.10.3.2：电动滚刷

图例 3.10.3.3：清洗机器人

四、光伏运行台账管理

光伏运行台账是掌握公司承建、承修、承运维光伏项目的状况，反映公司承建、承修、承运维光伏项目的拥有量、分布及其变动情况的主要依据。公司在日常工作中，应该积极建立和完善全面的台账体系，充分利用台账来管理各项事务，为现代公司整体管理奠定基础，满足公司发展的需求。公司目前的光伏运行台账主要包括：

（1）公司承建、承修、承运维光伏项目台账（参考图 3.10.4.1）；

（2）光伏项目每月电费电量单台账（参考图 3.10.4.2）；

序号	项目名称	容量（单位：kW）	项目地址（导航地址）	厂区联系人
1	[illegible]公司分布式光伏发电项目	853.29	项目地址：东莞市[illegible]	厂区联系人：[illegible]
2	[illegible]公司二期分布式光伏发电项目	900.9	项目地址：东莞市[illegible]村	厂区联系人：[illegible]6
3	[illegible]公司分布式光伏发电项目	2669.94	项目地址：东莞市[illegible]文叉口西120米	厂区联系人：[illegible]2617
4	[illegible]公司一期分布式光伏发电项目	2848.3	项目地址：东莞市[illegible]室用品公司	厂区联系人：[illegible]380648
5	[illegible]限公司一期分布式光伏发电项目	1040.13	项目地址：东莞市常[illegible]1号	厂区联系人：[illegible]59158
6	[illegible]有限公司分布式光伏发电项目	923.4	项目地址：东莞市[illegible]1号	厂区联系人：[illegible]68953
7	[illegible]限公司分布式光伏发电项目	1235	项目地址：东莞市大岭山镇厚[illegible]交界处	厂区联系人：[illegible]959951
8	[illegible]限公司分布式光伏发电项目	551	项目地址：东莞市[illegible]（横东一[illegible]）	厂区联系人：[illegible]913018
9	[illegible]公司分布式光伏发电项目	2594.2	项目地址：东莞市[illegible]造中心	厂区联系人：[illegible]003565
10	[illegible]公司分布式光伏发电项目	1079.1	项目地址：东莞市[illegible]造中心	厂区联系人：[illegible]003565
11	[illegible]分布式光伏发电项目	515.35	项目地址：东莞市东[illegible]	厂区联系人：[illegible]368953

图例 3.10.4.1：光伏项目台账

[illegible]司822.8kWp分布式光伏项目月度电量表及结算金额表

供电单位：[illegible] 供电时段：2024.1.1-2024.1.31 计费月份：2024.1

抄表周期：月

计量点	表号	表示类型	上月行码	本月行码	度差	倍率	电表电量	电价	电费合计
计量点1	03591[illegible] 0000[illegible]	正有功总	1238.21	1378.79	140.58	150	21087.0		
		正有功尖峰	336.65	378.49	41.84	150	6276.0		
		正有功峰	325.05	362.29	37.24	150	5586.0		
		正有功平	537.75	598.45	60.70	150	9105.0		
		正有功谷	38.75	39.55	0.80	150	120.0		
计量点2	03591[illegible] 0000[illegible]	正有功总	1009.62	1136.46	126.84	300	38052.0		
		正有功尖峰	274.28	311.44	37.16	300	11148.0		
		正有功峰	265.25	299.18	33.93	300	10179.0		
		正有功平	441.75	496.81	55.06	300	16518.0		
		正有功谷	28.33	29.02	0.69	300	207.0		
光伏电站发电合计		正有功总					59139.0		
		正有功尖峰					17424.0		
		正有功峰					15765.0		
		正有功平					25623.0		
		正有功谷					327.0		
厂区光伏上网		反有功总	9.36	11.28	1.92	1500	2880.0		
		反有功尖峰	2.14	2.66	0.52	1500	780.0		
		反有功峰	1.77	2.27	0.50	1500	750.0		
		反有功平	5.36	6.26	0.90	1500	1350.0		
		反有功谷	0.07	0.07	0.00	1500	0.0		
厂区使用光伏电量		正有功总					56259.0		
		正有功尖峰					16644.0	1.22775275	20434.72
		正有功峰					15015.0	1.22775275	18434.71
		正有功平					24273.0	0.75052975	18217.61
		正有功谷					327.0	0.32778375	107.19
厂区使用光伏电费合计=正有功尖峰电量*尖时电价含价+正有功峰电量*峰时电价含价+正有功平电量*平时电价含价+正有									57194.22
厂区使用光伏电费分成金额（按分成比例0.92计算）=厂区使用光伏电费合计*0.92									52618.68

抄表人员：[illegible] 复核人： [illegible]复核人：

图例 3.10.4.2：光伏项目每月电费电量单台账

（3）项目设备及发电量统计台账（参考图 3.10.4.3）；

（4）光伏项目日常巡检记录表（参考图 3.10.4.4）；

（5）光伏站场设备维修记录表（参考图 3.10.4.5）；

（6）光伏项目运维工具 / 备品备件台账（参考图 3.10.4.6）。

图例 3.10.4.3：项目设备及发电量统计台账

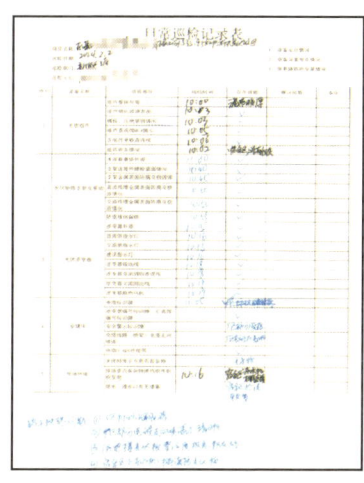

图例 3.10.4.4：光伏项目日常巡检记录表

图例 3.10.4.5：光伏站场设备维修记录表

图例 3.10.4.6：光伏项目运维工具 / 备品备件台账

第四章
施工项目部重点工作及关键节点

第一节 施工准备阶段重点工作及关键节点

一、组建施工项目部

施工项目部是指实施或参与项目管理工作，且有明确的职责、权限和相互关系的人员及设施的集合。包括发包人、承包人、分包人和其他有关单位为完成项目管理目标而建立的管理组织。

（1）施工合同签订后一个月内由施工单位下文成立施工项目部，任命项目管理人员，并报监理（若有）及业主备案（参考图例：4.1.1.1、4.1.1.2）。

（2）施工项目部成立后，由施工单位对项目部管理人员进行公司级交底（参考图例：4.1.1.3）。

（3）按照合同约定以及上级公司管理要求完成施工项目部组建。建立健全安全、质量管理体系，明确工程目标，落实各项管理职责分工。

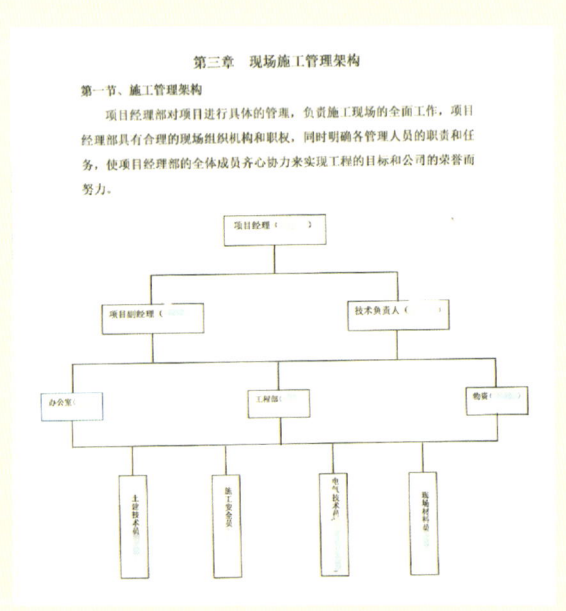

图例 4.1.1.1：施工项目部成立文件

图例 4.1.1.2：项目管理人员报审表

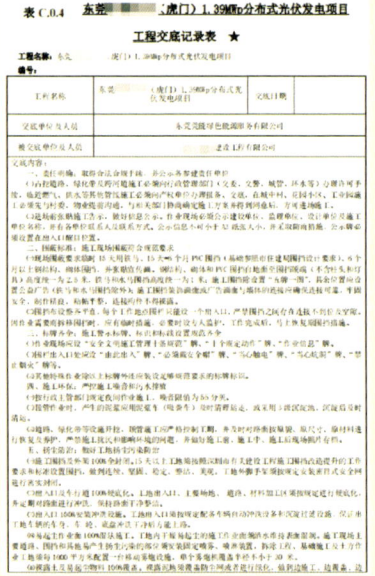

图例 4.1.1.3：公司级交底记录

二、参加建设管理策划会

施工项目部在项目部准备阶段，需组织人员参与建设单位组织开展的施工图会检、设计交底、风险交底及各种建设管理策划会。

1. 施工图会检

图纸会审是指工程各参建单位，如建设单位、监理单位（若有）、施工单位等相关单位在收到施工图审查机构审查合格的施工图设计文件后，在设计交底前进行全面细致的熟悉和审查施工图纸的活动（参考图例：4.1.2.1）。各单位相关人员应熟悉工程设计文件，并应参加建设单位主持的图纸会审会议，建设单位应及时主持召开图纸会审会议，组织监理单位、施工单位等相关人员进行图纸会审，并整理成会审问题清单（参考图例：4.1.2.2），由建设单位在设计交底前约定的时间提交设计单位。图纸会审由施工单位整理会议纪要，与会各方会签（参考图例：4.1.2.3）。

图例 4.1.2.1：施工图会检照片

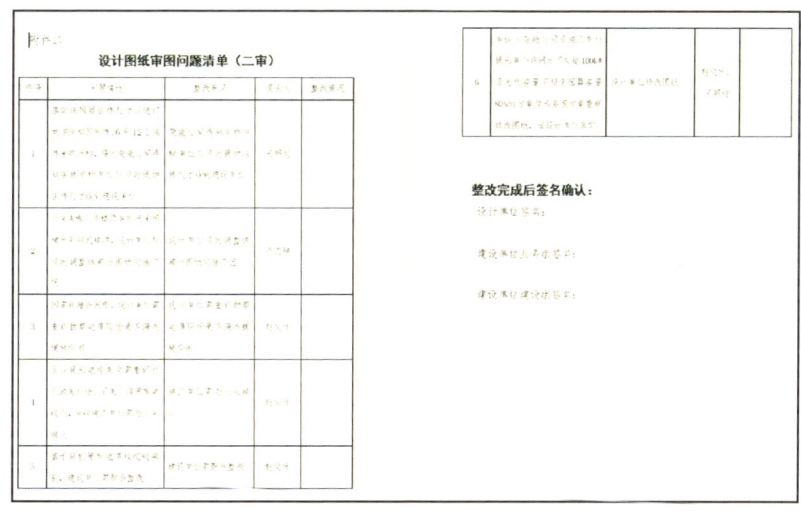

图例 4.1.2.2：施工图会检问题清单（答复）

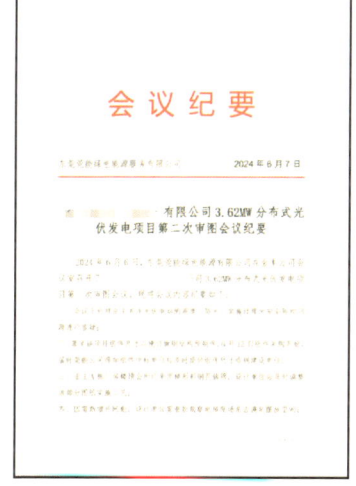

图例 4.1.2.3：施工图会检记录

2．设计交底

即由建设单位组织施工总承包单位、监理单位（若有）参加，由勘察、设计单位对施工图纸内容进行交底的一项技术活动，或由施工总承包单位组织分包单位、劳务班组，由总承包单位对施工图纸施工内容进行交底的一项技术活动（参考图例：4.1.2.4、4.1.2.5）。设计交底主要内容包括：

（1）施工范围、工程量、工作量和实验方法要求；

（2）施工图纸的解说；

（3）施工方案措施；

（4）操作工艺和保证质量安全的措施；

（5）工艺质量标准和评定办法；

（6）技术检验和检查验收要求；

（7）增产节约指标和措施；

（8）技术记录内容和要求；

（9）其他施工注意事项。

图例 4.1.2.4：设计交底照片

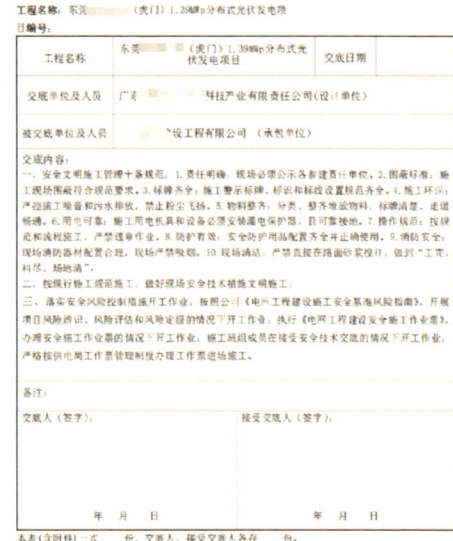

图例 4.1.2.5：设计交底记录

3. 安全及技术交底

为确保建设工程安全、顺利地进行，提高施工现场安全管理水平，减少和防止安全事故的发生，施工项目部需参加建设单位组织的安全技术交底（参考图例：4.1.2.6），并做好安全技术交底记录（参考图例：4.1.2.7）。安全及技术交底主要内容包括：

（1）工程概况：介绍工程的基本情况，包括建设规模、结构形式、施工工期等；

（2）安全风险分析：针对工程特点和施工环境，分析可能存在的安全风险及潜在危害；

（3）安全技术措施：根据安全风险分析，制定相应的安全技术措施，包括安全防护设施的设置、安全操作规程的制定等；

（4）安全教育培训：明确施工人员需接受的安全教育培训内容，提高施工人员的安全意识和操作技能；

（5）应急预案：制定应对突发事件的应急预案，确保在紧急情况下能够迅速、有效地进行处置。

图例 4.1.2.6：安全技术交底照片　　　　　图例 4.1.2.7：安全技术交底记录

三、施工方案编制及报审

施工方案是用以指导施工组织与管理、施工准备与实施、施工控制与协调、资源的配置与使用等全面性的技术、经济文件，是对施工活动的全过程进行科学管理的重要手段。通过编制施工组织设计文件，可以针对工程的特点，根据施工环境的各种具体条件，按照客观的规律施工。施工项目部应组织编制《施工方案》（参考图例4.1.3.1）并经项目经理审核、公司技术负责人审核后向监理项目部（若有）、建设单位进行报审（参考图例4.1.3.2）。

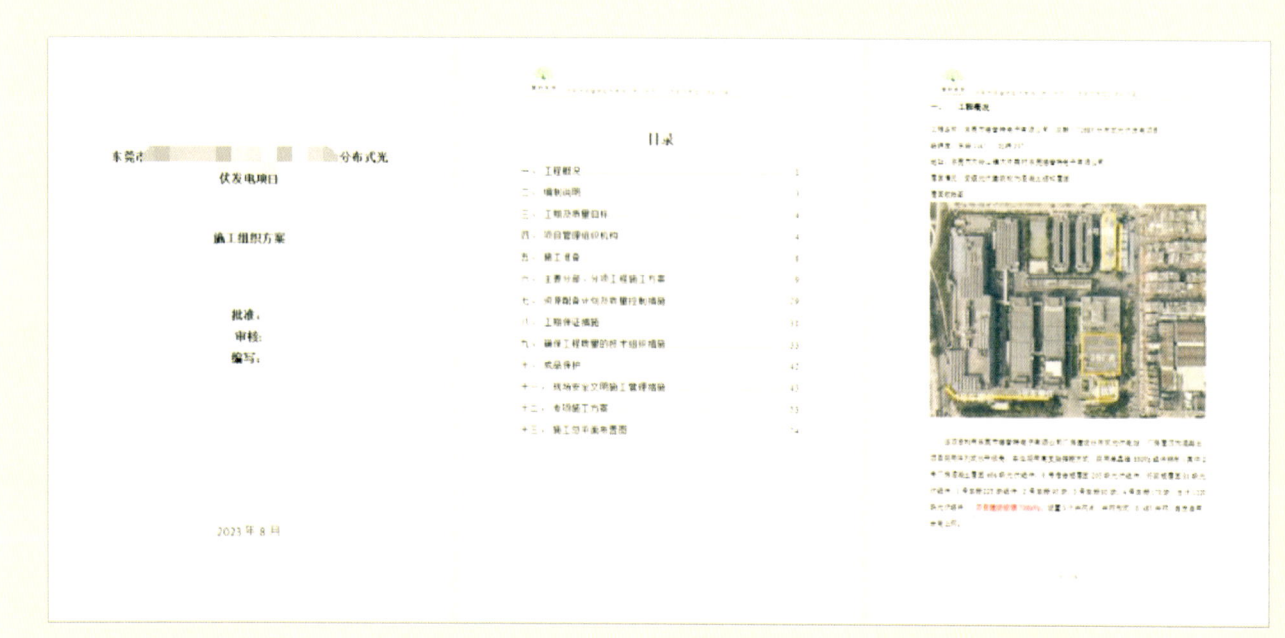

图例 4.1.3.1：《施工方案》

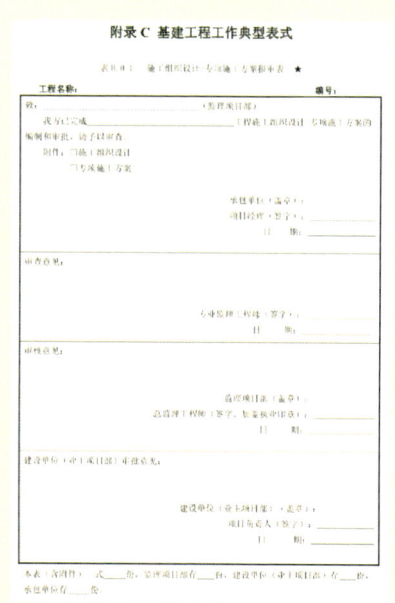

图例 4.1.3.2：施工方案报审表

四、分包商备案管理

项目管理部门在开展公司投资性光伏项目发包或劳务分包时，应选取具有国家、行业要求的相关施工资质的公司。

（1）确定施工承包商后须按公司工程分包商资信备案审查工作要求，报送工程分包商备案资料到公司安监部进行备案（参考图例 4.1.4.1、4.1.4.2）。

（2）项目管理部门在项目施工前须签订合规合法的项目发包或劳务分包合同，施工合同中须包含安全管理相关协议内容，明确各方应承担的安全管理责任。

（3）合作分包单位在项目实施过程中，应明确表示接受本公司安全生产相关制度的管理要求，执行本公司《公司安全生产奖惩管理办法》《违章扣分条款》《工程分包商备案评价管理》等制度要求（参考图例 4.1.4.3）。

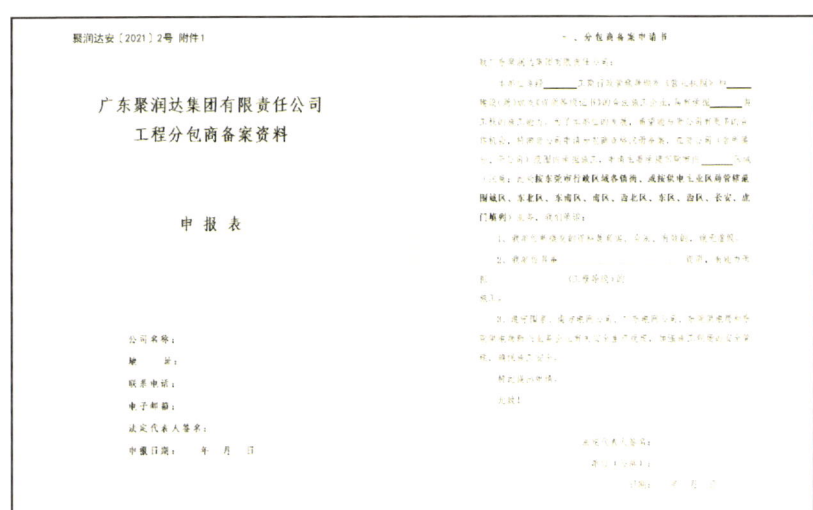
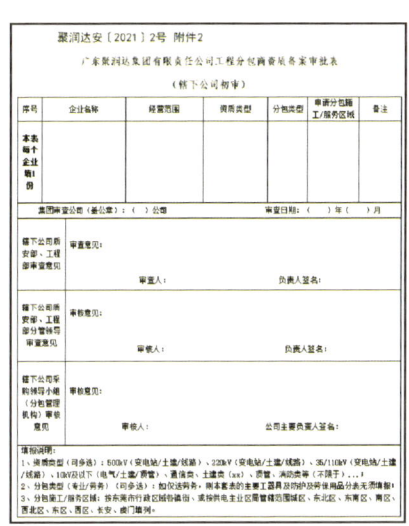

图例 4.1.4.1：分包商备案资料　　图例 4.1.4.2：分包商备案审批表　　图例 4.1.4.3：违章扣分条款

五、分包商、材料供应商及试验检验（测）单位资质报审

分包单位、材料供应商及试验检验（测）单位资质报审是指施工项目中，总包单位对拟合作的分包单位、材料供应商及试验检验（测）单位的资质进行审核和审批的程序。分包单位、材料供应商及试验检验（测）单位资质的合理性和有效性直接关系到施工项目的质量和安全，因此，对分包单位、材料供应商及试验检验（测）单位资质的报审工作必须高度重视，严格执行相关规定，确保分包单位的资质符合要求，具备相应的能力和条件，才能参与施工项目。

1. 分包商资质报审（参考图例：4.1.5.1）

（1）承包单位在工程开工前，应就拟分包行为向监理项目部（若有）报审。

（2）分包事项在施工承包合同中无约定的，分包必须经建设单位书面同意。

（3）承包单位应说明分包工程名称（部位）、分包性质（专业分包或劳务分包）、拟分包工程合同额、分包工程占全部工程的百分比。

（4）需附拟分包单位营业执照、资质等级证书、有关许可证、企业概况、历年承担的主要工程介绍、项目负责人及主要管理人员的资格和工作简介、与分包工程有关的特种作业人员资格证明等证明该分包单位能够胜任此项分包工程所需要的文件和拟分包合同（参考图例4.1.5.2）。

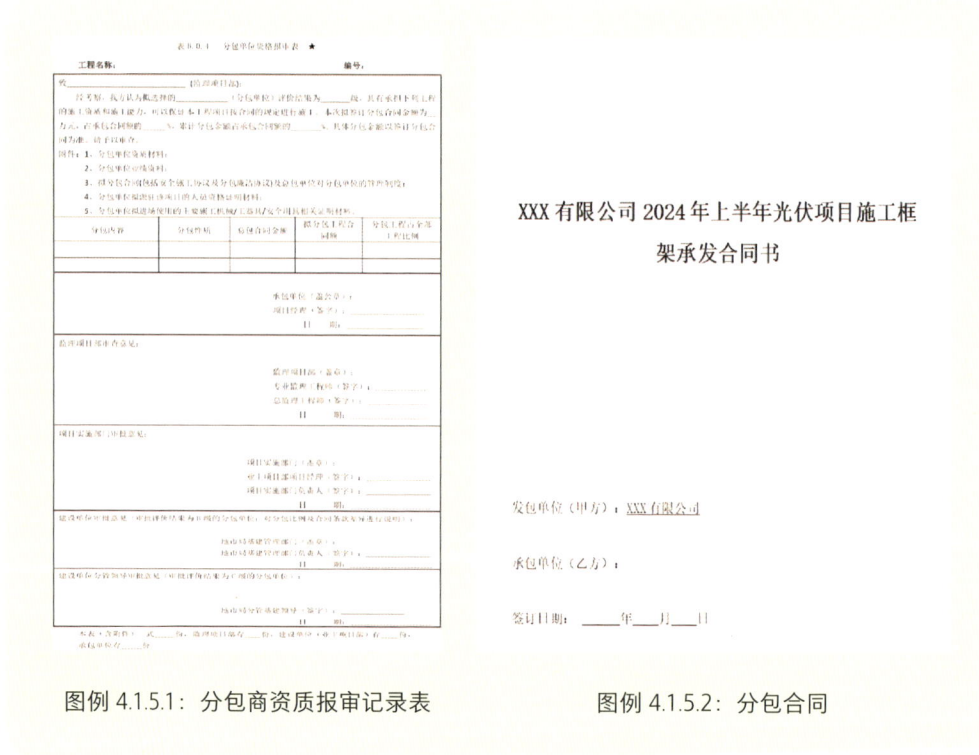

图例4.1.5.1：分包商资质报审记录表　　图例4.1.5.2：分包合同

2. 试验/供货单位资质报审（参考图例：4.1.5.3）

（1）承包单位在工程开工前，应将拟委托试验单位的资质向监理项目部（若有）报审，附本工程的试验项目及其要求，拟委托试验单位的资质等级及其试验范围，法定计量部门对该试验单位试验设备出具的计量检定证明等。

（2）试验单位资质审查要点：

①拟委托的试验单位资质等级是否符合国家相关要求，是否通过计量认证；

②试验资质范围是否包括拟委托试验的项目。

（3）承包单位在进行主要材料或构配件、设备采购前，应将拟采购供货的生产厂家的资质证明文件报监理项目部（若有）审查。主要材料或构配件、设备的范围以设计文件中的相关说明为准。资质证明文件一般包括营业执照、生产许可证、产品（典型产品）的检验报告、企业质量管理体系认证或产品质量认证证书（如果需要）等，新产品应有型式试验报告、鉴定证书等，特种设备应有安全许可证等。报审表应在附件中详列资料名称。砂、石等辅助性材料供货商资质证明文件可不需提供质量体系认证证书。

（4）供货商资质审查要点：

①供货商资质证明文件是否齐全；

②供货商资质是否符合有关要求。

图例4.1.5.3：试验/供货单位资质报审表

六、人员资格报审

1. 主要施工管理人员资质报审

（1）主要施工管理人员包括项目经理、项目总工、技术员、专职质检员、专职安全员、材料员、资料员、机械设备管理员、施工员等。按有关规定必须经过相关培训，持证上岗（参考图例 4.1.6.1）。

（2）含有主要项目管理人员资格报审时必须由总监理工程师（若有）签字，若只有特殊工种/特种作业人员资质报审，则由专业监理工程师（若有）或总监理工程师（若有）签字均可（参考图例 4.1.6.2）。

（3）更换项目经理（与投标文件的项目经理不一致时）需经建设单位（业主单位）书面同意。

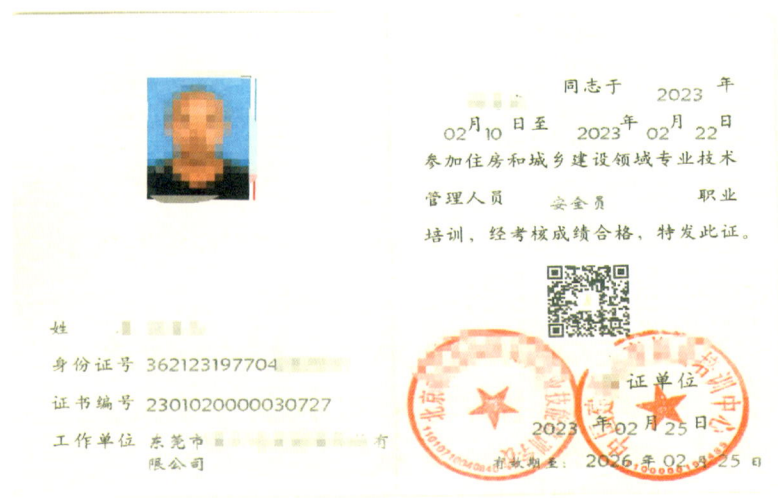

图例 4.1.6.1：主要施工管理人员（安全员）资质证书

图例 4.1.6.2：主要施工管理人员报审记录

2．作业人员资格报审（参考图例：4.1.6.3、4.1.6.4）

（1）一般作业人员原则上不需报审。专业分包单位管理人员、特种作业人员和劳务分包单位的特种作业人员应在进场前报审。

（2）承包单位在进行工程开工或相关工程开展前，应将特殊工种人员名单及上岗资格证书原件报监理项目部（若有）查验。

（3）承包单位对其报审的复印件必须加盖公司公章确认，分包单位人员复印件还需加盖分包单位公章，并注明原件存放处。

（4）特殊工种/特种作业人员的界定包括但并不限于国家安全生产监督管理总局令（第 30 号）《特种作业人员安全技术培训考核管理规定》指定的范围。

图例 4.1.6.3：特种作业人员操作证书

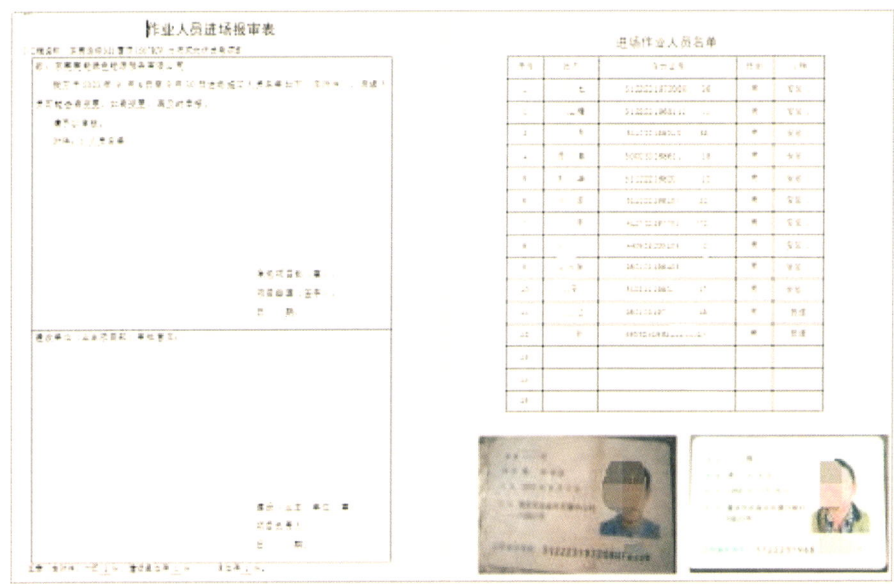

图例 4.1.6.4：作业人员资格报审记录

七、施工进度计划编制及报审

施工项目部按照约定的工程项目工期，倒排工程竣工施工进度计划（参考图例 4.1.7.1）并进行报审（参考图例 4.1.7.2），施工计划主要包括以下内容：

（1）项目备案；

（2）图纸设计；

（3）供电报装；

（4）图纸交供电局审图、现场勘察；

（5）材料设备准备；

（6）进场准备、围挡、测量定点；

（7）水泥墩制作、安装；

（8）安装支架；

（9）敷设光伏板及组串连接；

（10）桥架敷设；

（11）电缆敷设；

（12）逆变器安装调试；

（13）并网柜安装接入；

（14）供电分局验收并网。

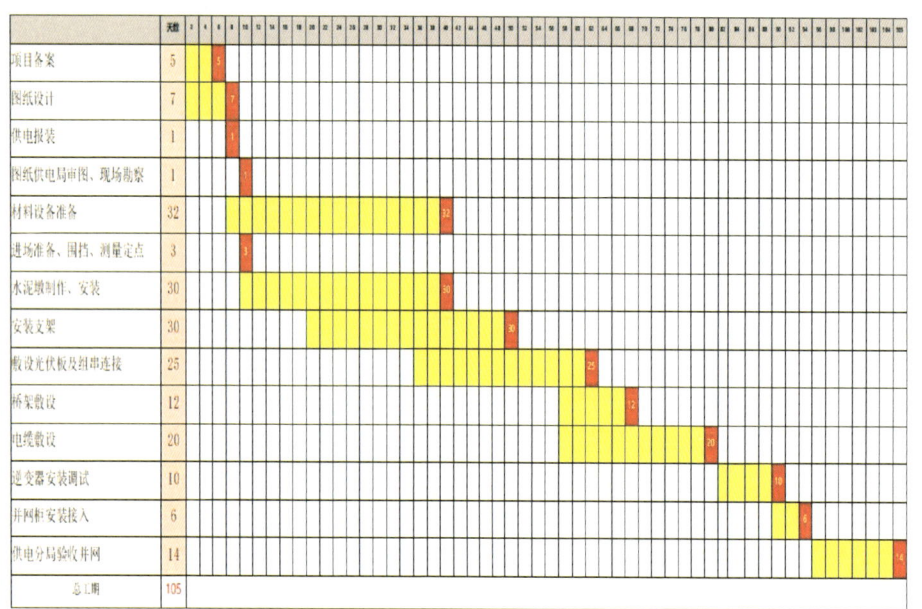

图例 4.1.7.1：施工计划横道图

图例 4.1.7.2：施工计划报审表

八、施工质量验收范围划分编制及报审

施工质量验收及评定项目划分是按照国家、行业、公司的质量验收标准进行划分的。

（1）施工项目部在工程开工前，应对承包范围内的工程按单位、分部、分项、检验批等进行质量验收及评定范围项目划分，并将划分表报监理项目部（若有）审查（参考图例：4.1.8.1）。

（2）施工质量验收及评定项目划分应结合各单位、分部、分项工程的施工特点，明确质量验收标准（参考图例：4.1.8.2）。

图例 4.1.8.1：施工质量验收及评定项目划分报审表

图例 4.1.8.2：质量验收标准（节选）

九、开工报审

1．公司光伏工程建设项目进场开工前，项目管理部门应将项目相关报审资料审定无误后提交到公司安监部备案。报审资料主要包括：

（1）项目施工委托合同（或中标通知书）；

（2）施工单位资质（含备案记录）；

（3）作业人员资质（含安全教育、演练、安规考试记录）；

（4）工程施工方案、专项施工方案（如有）；

（5）工程一切险及人员保险购置凭证；

（6）安全交底会议已开展；

（7）施工及安全工器具检验合格并贴好标签；

（8）施工图纸已审定并签名确认。

2．项目管理部门及安监部对审查资料存疑时可进行现场踏勘。安监部在收到项目管理部门提交的备案资料后，在3个工作日内完成备案审查，备案审查无误后会签工程开工报审表（参考图例4.1.9.1）。

图例 4.1.9.1：工程开工报审表

第二节 施工阶段重点工作及关键节点

一、设计变更管理

设计变更是指项目自初步设计批准之日起至通过竣工验收正式交付使用之日止，对已批准的初步设计文件、技术设计文件或施工图设计文件所进行的修改、完善、优化等活动。在施工阶段发生设计变更时，施工项目部应做好以下管理工作：

1．制定设计变更联系单

设计变更时，设计方应做好设计变更联系单（参考图例：4.2.1.1），交由甲方内部审核，审核通过后方可进行下一步。联系单应简要说明变更产生的背景，包括变更产生的提出单位、主要参与人员、时间等。

2．设计变更审批

设计方提出设计变更具体方案，经建设组负责人、造价审核员、部门负责人、公司分管领导审核、审批后方可实施（参考图例：4.2.1.2）。

3．工程变更签证

在实施设计变更后，施工项目部需做好相应的记录，并及时做好工程变更签证（参考图例：4.2.1.3）。

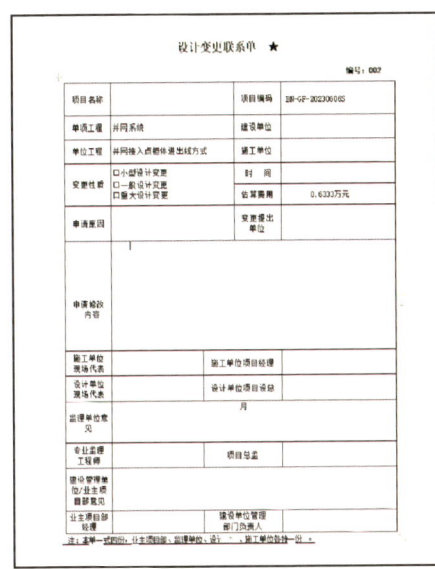

图例 4.2.1.1：设计变更联系单

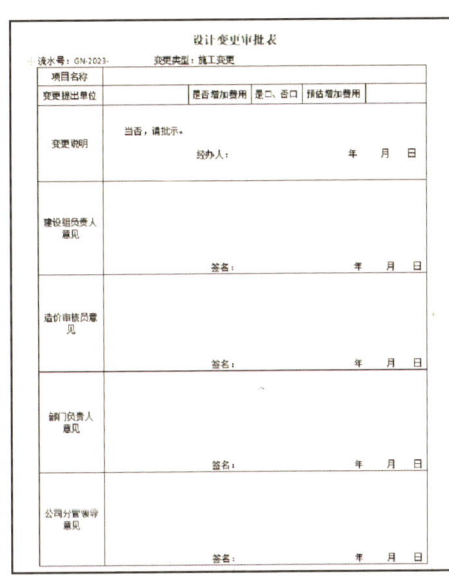

图例 4.2.1.2：设计变更审批表

图例 4.2.1.3：工程变更签证单

二、施工过程记录

施工记录是在进行支架安装、光伏组件安装、电缆线路敷设、逆变器安装、并网计量箱、隐蔽工程装置等重要施工时对相关关键管控环节的检查记录，是工程交竣工验收资料的重要组成部分，由专人负责收集、填写记录、保管（参考图例：4.2.2.1、4.2.2.2、4.2.2.3）。

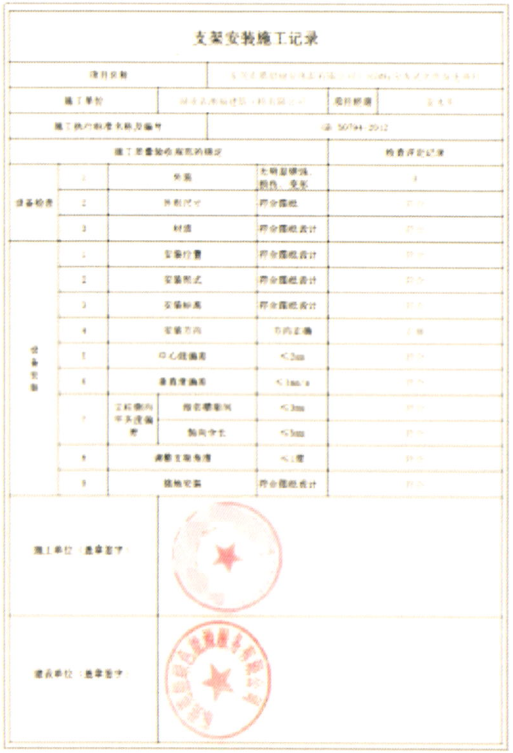
支架安装施工记录

图例 4.2.2.1：支架安装施工记录表

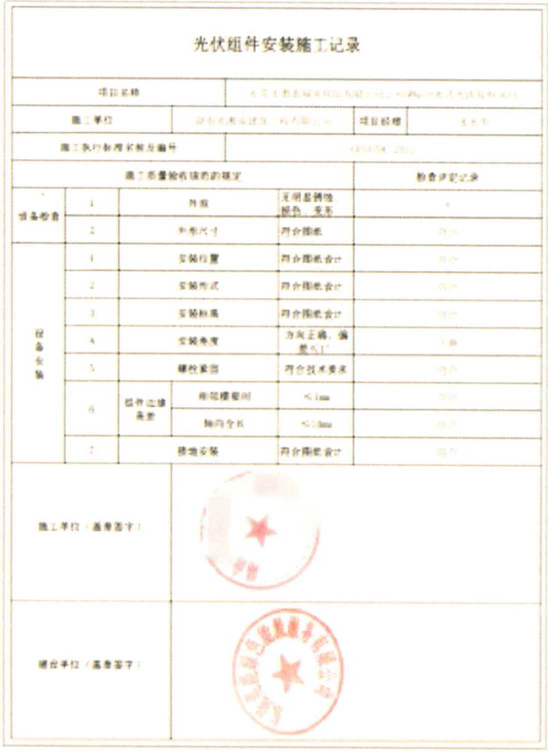
光伏组件安装施工记录

图例 4.2.2.2：光伏组件安装施工记录表

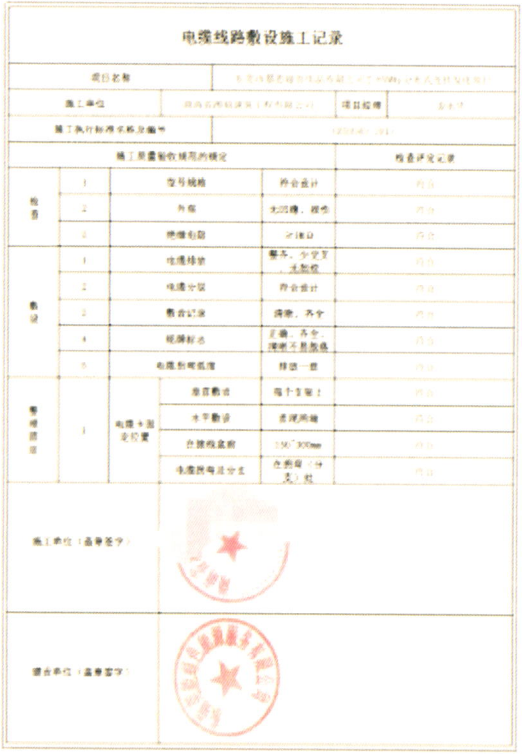
电缆线路敷设施工记录

图例 4.2.2.3：电缆线路敷设施工记录表

三、施工联系、回复管理

施工项目部在项目建设期间与建设单位、监理项目部（若有）的沟通应采用工作联系单（参考图例：4.2.3.1）、通知回复单（参考图例：4.2.3.2）等正规的方式，并保留相应的记录（参考图例：4.2.3.3）。

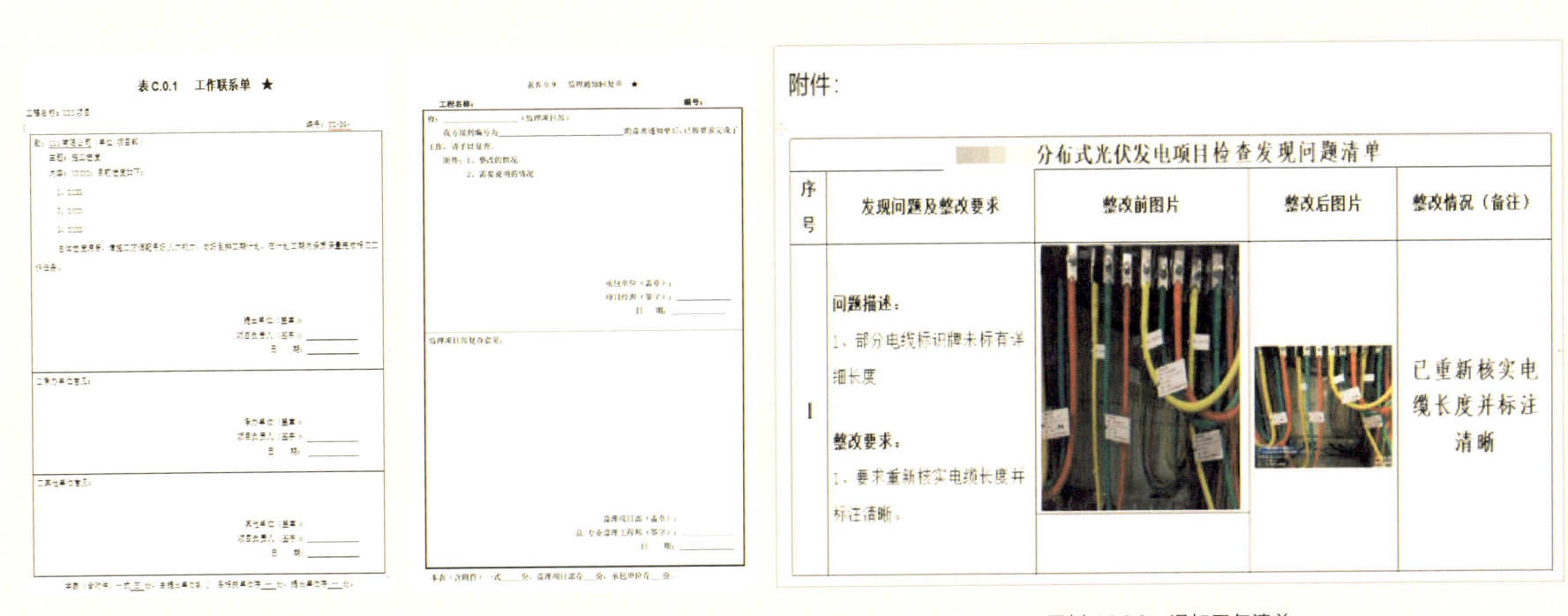

图例 4.2.3.1：工作联系单（样表）　　图例 4.2.3.2：监理通知回复单（样表）　　图例 4.2.3.3：通知回复清单

四、工程延期报审

施工项目部依据施工合同约定，发生非施工单位原因造成的持续性影响工期事件时，应及时填写工程延期报审表（参考图例：4.2.4.1），并应附上工程延期的依据、工期计算、申请延长竣工日期等证明资料，在施工合同约定的期限内向项目监理机构（若有）就临时延长合同工期、最终延长合同工期提出申请。

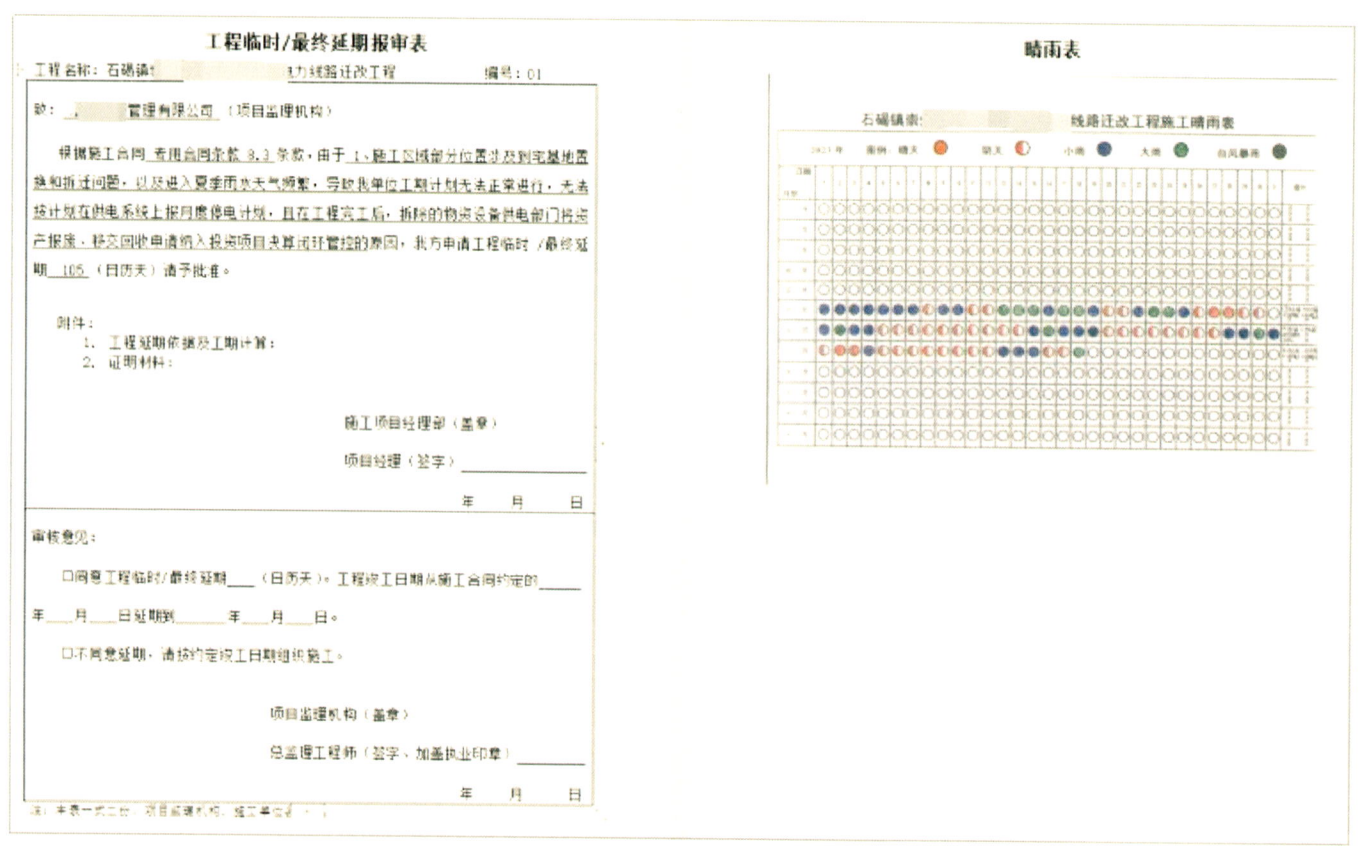

图例 4.2.4.1：工程临时 / 最终延期报审表

五、中间验收管理

光伏施工项目中间验收是指施工项目部在完成了分项工程、分部工程、单位工程后申请开展的验收，一般规定如下：

1．分项工程验收

分项工程的验收是在施工单位自行检查评定合格（参考图例：4.2.5.1）的基础上进行，应由监理工程师（若有）组织。

2．分部工程验收

分部工程由若干个分项工程构成，分部工程的验收是在各分项工程验收合格的基础上进行，应由总监理工程师（若有）组织，并与验收单位（业主单位）签订验收签证书（参考图例：4.2.5.2）。

分布式光伏关键工艺施工质量管控表（钢结构、化学螺栓安全措施）

项目名称：
检查员：
查验日期：
检验内容

序号	检验项目	检验标准		检验是否合格	整改建议
1	钢结构	钢结构配制	型钢外观、规格检查	是□否□	
		钢结构安装	布置及间距	是□否□	
			固定螺栓露出长度	是□否□	
			水平布置高低误差	是□否□	
			垂直布置左右误差	是□否□	
			固定拉杆布置	是□否□	
			檩条紧固程度	是□否□	
		钢结构焊接工艺	焊缝应为满焊、形状为鱼鳞状	是□否□	
			焊接后遗留焊渣清理整洁度	是□否□	
		组装后防水工艺	防水过程图片及视频	是□否□	
			防水基础面水泥墩密闭性	是□否□	
		钢结构防锈漆，厚度应不小于100μm		是□否□	

分布式光伏关键工艺施工质量管控表（光伏组件、汇流箱、逆变器）

项目名称：
检查员：
查验日期：
检验内容

序号	检验项目	检验标准	检验是否合格	整改建议
1	光伏组件	外观、外形尺寸	是□否□	
		零部件数量	是□否□	
		安装位置、安装的形式	是□否□	
		安装标高、安装角度	是□否□	
		螺栓紧固、压块紧固	是□否□	
		组件边缘高差、组件平整度、组件下缘距地面距离	是□否□	
		接地安装	是□否□	
		MC4接头外观	是□否□	
		MC4接头压接松紧度	是□否□	
2	汇流箱	防护等级、外形尺寸	是□否□	
		元器件	是□否□	
		开关和熔断器	是□否□	
		安装位置、支架和固定螺栓	是□否□	
		垂直度	是□否□	

图例 4.2.5.1：分项、分部工程验收记录

中间交接验收签证书

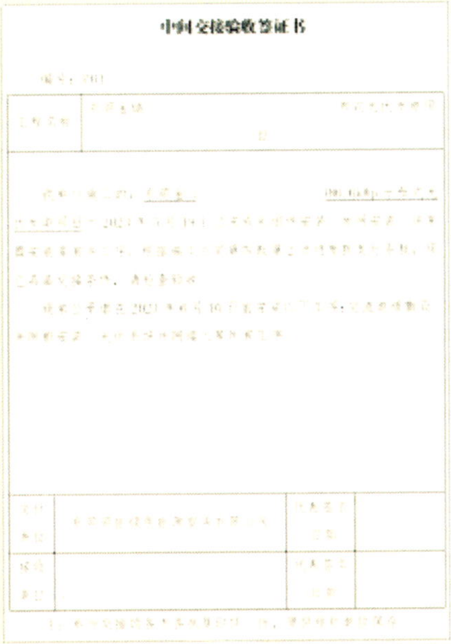

图例 4.2.5.2：分部工程验收签证书

3. 单位工程验收

（1）单位工程由若干个分部工程构成，单位工程验收是在分部工程验收合格的基础上进行的，应由建设单位组织单位工程验收组进行。单位工程验收组由建设、设计、监理（若有）、施工、调试等有关单位负责人及专业技术人员组成。单位工程验收完成后应出具单位工程验收意见书（参考图例：4.2.5.3）。

（2）单位工程验收前，施工项目部应符合下列要求：

①质量控制资料应完整（参考图例：4.2.5.4、4.2.5.5）；

②单位工程所含分部工程有关安全和功能的检测资料应完整；

③主要功能项目的抽查结果应符合相应技术要求的规定；

④观感质量验收应符合要求。

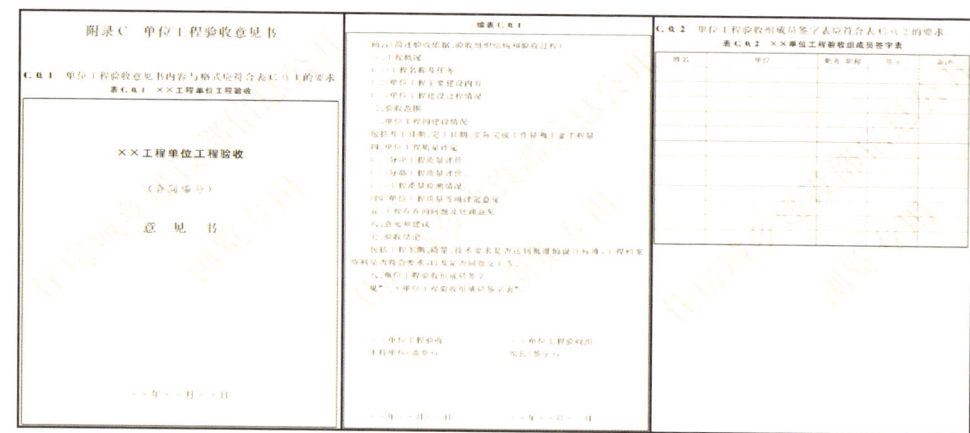

图例 4.2.5.3：单位工程验收意见书

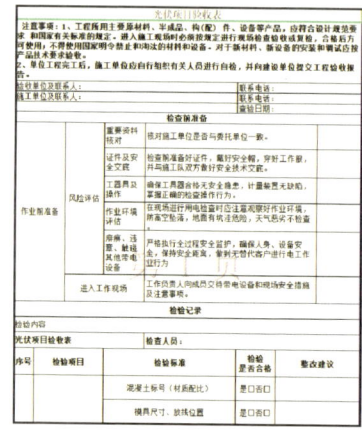

图例 4.2.5.4：单位工程验收表

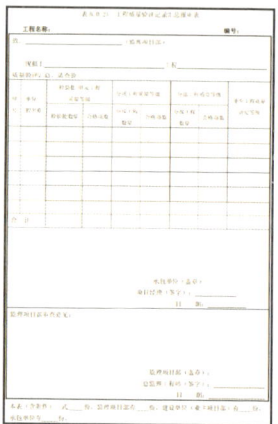

图例 4.2.5.5：工程质量验评记录汇总报审表

第三节 竣工验收阶段重点工作及关键节点

一、工程启动验收

工程启动验收通常指的是对项目工程的初步验收，是竣工验收的准备阶段，它是对项目的一次大验证，确保项目能够通过最终的竣工验收。工程启动验收由施工单位向建设单位提出验收申请（参考图例：4.3.1.1），建设单位组建工程启动验收委员会。工程启动验收前，施工项目部应做好以下准备工作：

（1）应通过并网工程验收，并取得政府有关主管部门批准文件及并网许可文件。

（2）单位工程施工完毕，应已通过验收并提交工程验收文档（参考图例 4.3.1.2、4.3.1.3）。

（3）应完成工程整体自检。

（4）调试单位应编制完成启动调试方案并应通过论证。

（5）通信系统与电网调度机构连接应正常。

（6）电力线路应已经与电网接通，并已通过冲击试验。

（7）保护开关动作应正常。

（8）保护定值应正确、无误。

（9）光伏电站监控系统各项功能应运行正常。

（10）并网逆变器应符合并网技术要求。

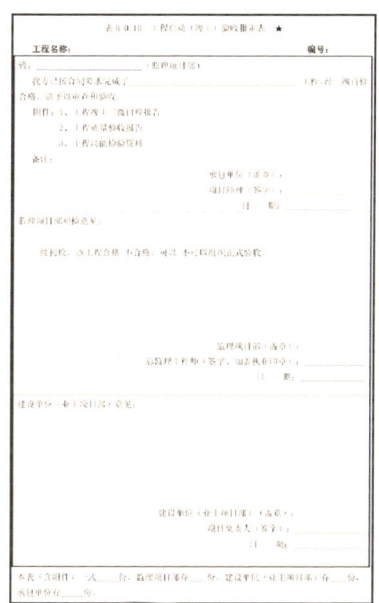

图例 4.3.1.1：工程启动验收报审表

图例 4.3.1.2：单位工程验收记录 1

图例 4.3.1.3：单位工程验收记录 2

工程启动验收注意事项：

（1）对工程启动验收中发现的质量缺陷问题及处理意见（参考图例：4.3.1.4），施工项目部应按照处理意见组织消除缺陷并申请复查验收确定。

（2）施工项目部应妥当保存工程启动验收鉴定书（参考图例：4.3.1.5）。

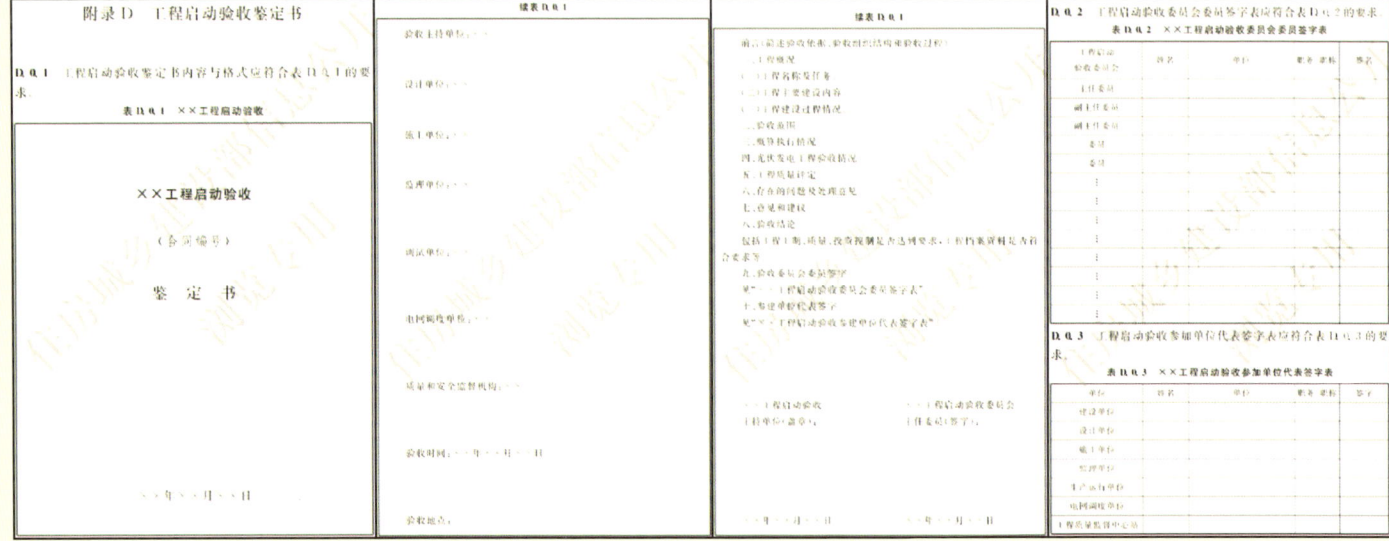

图例 4.3.1.4：质量缺陷问题清单

图例 4.3.1.5：工程启动验收鉴定书

二、工程试运行和移交生产验收

工程试运行和移交生产验收是指工程完成施工安装、投入试运行、调试，达到工程设计指标，完成生产运行前的准备工作后，由施工单位向建设单位提出验收申请（参考图例：4.3.2.1），建设单位组建工程试运行和移交生产验收组进行验收。验收前，施工项目部应做好以下准备工作：

（1）光伏发电工程单位工程验收和启动验收应均已合格，并且工程试运行大纲经试运行和移交生产验收组批准。

（2）与公共电网连接处的电能质量应符合有关现行国家标准的要求。

（3）设备及系统调试，宜在天气晴朗、太阳辐射强度不低于 400W/m² 的条件下进行。

（4）生产区内的所有安全防护设施应已验收合格。

（5）运行维护和操作规程管理维护文档应完整齐备。

（6）光伏发电工程经调试后，从工程启动开始，无故障连续并网运行时间不应少于光伏组件接收总辐射量累计达 60kW·h/m² 的时间。

（7）光伏发电工程主要设备（光伏组件、并网逆变器和变压器等）各项试验应全部完成且合格，记录齐全完整。

（8）生产准备工作应已完成。

（9）运行人员应取得上岗资格。

图例 4.3.2.1：验收报审表

工程试运行和移交生产验收注意事项：

（1）对工程试运行和移交生产验收中发现的质量缺陷问题及处理意见（参考图例：4.3.2.2），施工项目部应按照处理意见组织消除缺陷并申请复查验收确定。

（2）施工项目部应妥当保存工程试运行和移交生产验收鉴定书（参考图例：4.3.2.3）。

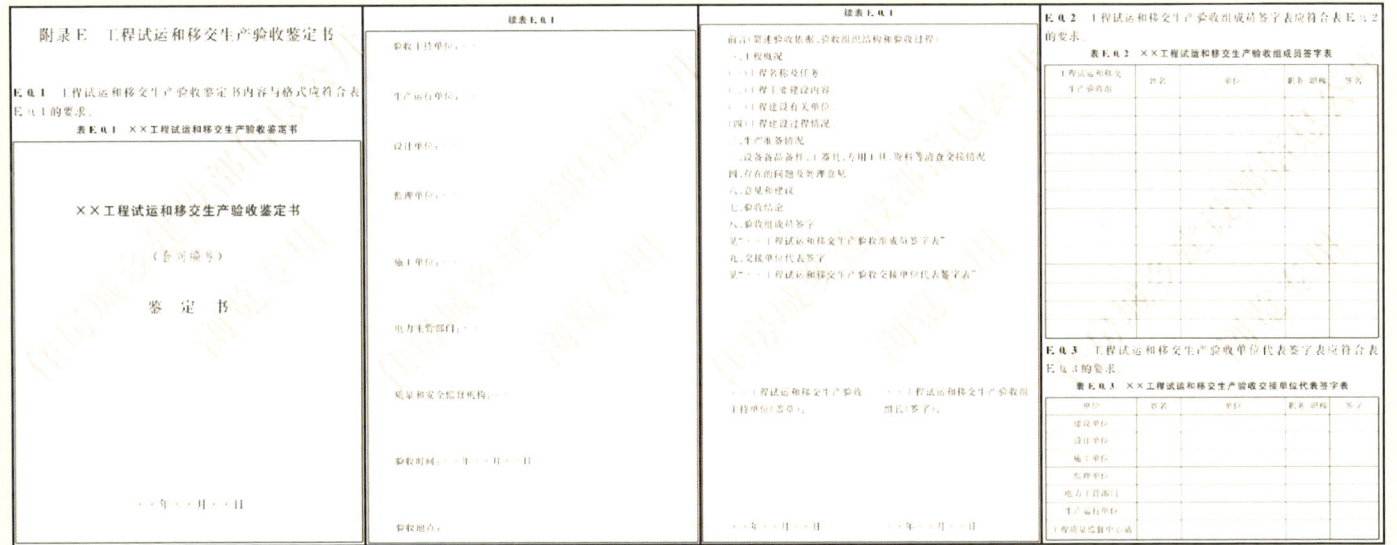

图例 4.3.2.2：质量缺陷问题清单　　　　　　　　　　　　　　　　图例 4.3.2.3：工程试运行和移交生产验收鉴定书

三、工程竣工验收

施工单位应在工程试运行和移交生产验收后,并将问题和缺陷消除后,向建设单位提出竣工验收(参考图例:4.3.3.1)。建设单位组建工程竣工验收委员会进行竣工验收。工程竣工验收应符合以下条件:

(1)工程应已经按照施工图纸全部完成,并已提交建设、设计、监理(若有)、施工等相关单位签字、盖章的总结报告,历次验收发现的问题和缺陷应已经整改完成(参考图例:4.3.3.2)。

(2)消防、环境保护、水土保持等专项工程应已经通过政府有关主管部门审查和验收。

(3)竣工验收委员会应已经批准验收程序。

(4)工程投资应全部到位。

(5)竣工决算应已经完成并通过竣工审计。

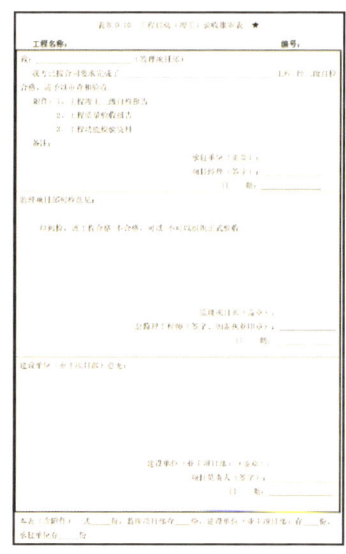

图例 4.3.3.1:工程竣工验收报审表

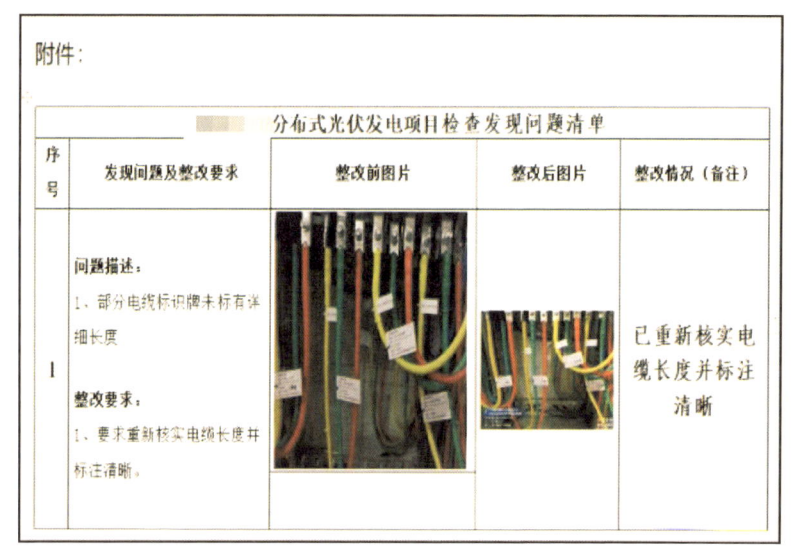

图例 4.3.3.2:质量消缺清单

工程竣工验收注意事项：

（1）竣工图应按照现场实际情况绘制，包括：实际容量、现场阵列分布及组串数目结构、实际线路走向、电缆长度等（参考图例：4.3.3.3）。

（2）施工项目部应妥当保存工程竣工验收鉴定书（参考图例：4.3.3.4）、工程竣工报告（参考图例：4.3.3.5）。

图例 4.3.3.3：竣工图

图例 4.3.3.4：工程竣工验收鉴定书

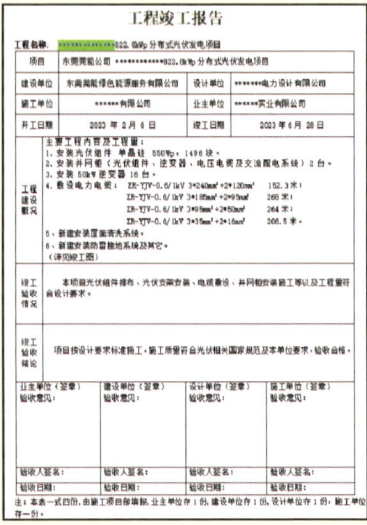

图例 4.3.3.5：工程竣工报告

四、工程退料

（1）工程退料问题，施工队需要在项目通电之后精确统计好退料数目，然后把数据发给相应项目负责人做成退料清单（参考图例：4.3.4.1）。

（2）仓库允许退料时间为每月1日到19日，逾期不再接收任何退料清单。

（3）工程退料过程中需要用到的交通工具及拆卸工具均由施工方准备。

附录B

工程剩余物资清单

项目名称							项目编号	
工程剩余物资明细						☑拆旧 ☑自购 □甲供		
序号	物资名称	规格型号	单位	工程领料数量	工程退料数量	用料数量是否与现场一致	是否在损耗误差范围内	备注说明（是否可用）
1								
2								
3								
4								
5								
6								
7								
8								
合计								

业主项目实施部门：　　　　　监理单位：　　　　　施工单位：
辖下公司项目管理部门：　　　接收单位：　　　　　日　期：

图例 4.3.4.1：工程退料清单